绿色精细化工实验

主　编　徐志斌
副主编　陈康成　杜云云

科学出版社

北　京

内 容 简 介

本书以绿色化学化工理念为指导,以培养创新型人才为核心,在介绍相关概念和新技术的基础上,从绿色催化剂、绿色实验技术、绿色溶剂、绿色替代物、绿色产品、复配技术等方面归纳总结了相关的精细化工实验。本书还从科研实践中选取部分学科前沿内容作为创新设计性实验,以开阔学生视野、提升创新能力,促进学生在知识、技能和思维等方面的全面发展。

本书可作为高等学校化学工程与工艺、精细化工、有机合成及相关专业的本科生实验教材,也可供从事精细化学品合成的技术人员和科研人员参考。

图书在版编目(CIP)数据

绿色精细化工实验 / 徐志斌主编. —北京:科学出版社,2023.12
ISBN 978-7-03-077123-0

Ⅰ. ①绿… Ⅱ. ①徐… Ⅲ. ①精细化工–无污染技术–实验–高等学校–教材 Ⅳ. ①TQ396-33

中国国家版本馆 CIP 数据核字(2023)第 232725 号

责任编辑:侯晓敏 李丽娇 / 责任校对:杨 赛
责任印制:赵 博 / 封面设计:迷底书装

科学出版社 出版
北京东黄城根北街 16 号
邮政编码:100717
http://www.sciencep.com
北京华宇信诺印刷有限公司印刷
科学出版社发行 各地新华书店经销

*

2023 年 12 月第 一 版 开本:720×1000 1/16
2024 年 7 月第二次印刷 印张:11 1/4
字数:221 000
定价:45.00 元
(如有印装质量问题,我社负责调换)

前　　言

　　绿色生产、绿色生活和节能减碳是可持续发展的需要。"精细化工实验"是精细化工专业的一门专业必修课,目的是巩固基础知识和提高学生的实验技能。为了解决化工生产过程伴随的"三废"问题,绿色化学和绿色化工相关技术的研究和应用成为化学工程与技术学科和化工生产的发展方向。因此,在精细化学品合成、含能材料制备与高分子材料等领域有丰富教学、科研经验的北京理工大学一线授课教师组成编写团队,在结合自身多年教学实践经验和科学研究的基础上,本着简明实用的原则编写了本书。

　　本书首先介绍了绿色化学和绿色化工的概念,概括了绿色化工的内容和精细化学品现代合成方法和技术,如绿色催化剂、原子催化反应、原子经济性反应、无溶剂合成反应、绿色溶剂合成反应、微反应器等。然后,本书简要介绍了实验室安全知识、实验室"三废"处理。最后,本书把实验内容分为绿色催化剂制备与表征实验、绿色实验技术实验、绿色溶剂中的实验、绿色替代物实验、绿色产品综合性实验、复配技术实验和创新设计性实验共 7 个模块。为了培养学生综合分析问题、解决问题和主动获取知识的能力,本书编排了创新设计性实验,仅给出实验内容和要求,旨在让学生设计实验方案,再进行可行性验证,使学生形成初步的研究意识和创新性思维方式。本书还列出一些日用精细化学品的制备实验,实验内容紧密联系生活实际,一方面增加趣味性,另一方面体现化工与生活的密切关系。

　　本书由徐志斌担任主编,具体的编写分工为:徐志斌负责第 1 章、第 2 章 2.1 节、第 4~6 章、第 9 章及附录的撰写;陈康成负责第 2 章 2.3 节、第 3 章、第 7 章的撰写;杜云云负责第 2 章 2.2 节、第 8 章的撰写。

　　本书为北京理工大学"十四五"(2022 年)规划教材,共整理了 52 个实验,多数来自北京理工大学化学与化工学院应用化学研究所的科研成果。在此特别向提供光子晶体、多组分反应和碳量子点等实验内容的孟子晖、武钦佩、薛敏表示感谢。授课教师可根据实际情况选择适当的实验内容。

　　精细化学品品种多、涉及面广,理论研究和应用技术发展迅速,加之编者的水平有限,本书可能存在疏漏和不足之处,诚挚欢迎各位读者批评指正。

编　者

2023 年 5 月

目　　录

第1章 绿色精细化工概论

农药和化肥的使用让人类远离饥饿，化学药物已成为人类与疾病斗争的有力武器，合成纤维让衣物更加艳丽……大量化学品的生产和使用不仅使人们的生活更加舒适和便利，也改变了人们的生产和生活方式。化学工业也因此成为国民经济的重要组成部分。但是，化学工业在带来这些福利的同时，也产生了资源过度消费、环境污染加剧、生态平衡失调等问题。

人类的生存和发展依赖于整个生态系统的稳定和平衡。而传统化学工业对资源的掠夺、对环境的污染，严重干扰了生态系统的自身调节能力，导致生态系统失衡，进入恶性循环。因此，利用现代科学技术，走节约资源、保护环境的可持续发展道路，是化学工业发展的重要趋势和必然结果。

绿色化学化工就是从环境友好处着眼，研究和发展安全、无毒的新原料、新反应、新过程、新产品，以便从源头消除或减少对人类健康、社会安全、生态环境有害的原料和产品等的使用和生产，改变以往"先污染、后治理"的模式，从而实现二者协调发展的目标。另外，绿色化学化工还要考虑物质转化过程中原料的高效利用和再生，以便充分利用每一个原子，最大限度地利用资源，促进经济社会的可持续发展。

绿色化学化工是 20 世纪末出现的一门交叉学科，也是世界各国关注的研究领域。由于其具有明确的科学目标，符合社会发展需求，绿色化学化工在政府直接参与、企业和学术界密切合作中快速发展，已成为 21 世纪国际化学化工研究的前沿领域。

作为化学工业的重要组成部分，精细化工不仅提供农药、染料、香精等产品保障人类的生产和生活，也不断向生物医药、航空航天等高科技领域渗透，产品种类越来越多，产值不断上升，已成为各国产业结构中的发展重点。因此，精细化工率(精细化工行业产值占化工行业总产值的百分比)也已成为衡量一个国家或地区化工发展水平的主要指标。统计数据表明，21 世纪初期美国、德国和日本等发达国家的精细化工率已达到 70%左右。而我国目前的精细化工率只有 45%，存在较大差距。

与大宗化学品(如甲醇、乙醇、塑料、合成纤维、橡胶等)相比，精细化工产品虽然生产规模小，但生产过程复杂，对质量要求高，"三废"排放量大、资源浪费和污染严重等问题更为突出。根据粗略统计，每生产 1 t 精细化学品需要各类化工原料平均在 20 t 以上。另外，大多数精细化学品作为最终产品提供给用户，在使用过程中和使用完毕后都存在污染或危害环境的可能。例如，双对氯苯基三氯乙烷(DDT)曾作为有机氯类杀虫剂在世界范围内广泛使用，但后来发现它难以降解并可在动物脂肪中蓄积，导致很多动物灭绝，进而影响人类的健康和生存，从而被禁止使用。因此，可持续发展的精细化工是绿色化学化工研究的重要内容。

1.1 绿色精细化工的指导原则

作为一门介于化学和化学工程之间的学科，精细化工要实现绿色可持续发展，必须在产品研制、生产和应用等方面考虑环境和经济因素。Anastas 和 Warner 于 1998 年首次提出绿色化学 12 条原则，随后 Anastas 提出了绿色化学工程技术 12 条原则，本节在此基础上归纳总结出以下 10 条原则，方便学生理解和记忆。

1. 产品生命周期原则

产品的生命周期是指一个产品从原料、生产、使用到被淘汰的全过程。这个过程包括原料的开采加工、产品生产制造、包装运输和销售、消费者使用、回收和循环使用，最终废物的处理等多个环节。每个环节都会发生资源的损耗，存在可能的环境污染。因此，必须树立产品生命周期意识，从最初原料的获得到最终残留物返回地球的每一个阶段坚持可持续发展的原则，对资源有效利用、污染物排放及其对环境影响进行全周期评估。

2. 预防污染原则

物质转化的化学过程通常都会产生废物，即一部分原料转变成所需的产品，另一部分则转变成副产物。没有反应的原料、副产物、溶剂及其他辅助原料统称为废物。这些废物如果不经处理便直接排放到环境中，往往会造成污染，严重时会对人类健康和安全构成威胁。传统的化学工业一直采取"先污染、后治理"的末端策略，不仅投资巨大、时间长，还可能造成温室效应、臭氧层破坏和地下水的污染等二次污染。因此，发展绿色精细化工，必须树立预防污染的理念，从提高产率、废物回收利用等方面入手，从源头上消除或减少污染。

3. 最大限度地利用资源

只有尽可能地将所有原料转化为产品，才能避免产生废物。但这种理想的模式在工业上是很难实现的。因此，为了最大限度地将原料转化为产品，避免产生废物，考察化学反应时，除了关注产品的产率外，还要考虑过程中使用或产生的不必要的化学品，尽可能少用或不用助剂和溶剂。另外，采用原子经济性反应，最大限度地利用原料分子的每一个原子，也是提高资源利用率、避免废物产生的重要途径。目前真正的原子经济性反应很少，必须通过不断开发新的合成方法、采用新型催化剂和新原料来实现原子经济性反应。

4. 尽量使用环境友好型物质

在传统的化学工业中，为了追求低成本和目的产物的高产率，普遍的做法不是规避有毒有害物质的使用，而是在工程上控制使用的有毒有害物质或附加一些防护措施。一旦防范失败，这种模式将酿成巨大的灾难。另外，一些易燃易爆化学物质如果处理不当，就可能引发爆炸或火灾，造成事故。因此，在精细化学品路线设计和生产过程中尽可能不使用、尽量避免产生对人体健康和环境有害或存在安全隐患的物质。如果不能规避有毒有害物质的使用和产生，应该进行系统控制，避免与人和其他环境接触，并最终将其消除，以最大限度地降低风险。根据可持续发展理念，除了考虑原料的毒害性外，还要考虑它们对生态环境的影响。如果使用的某种原料因开采、制备导致环境污染甚至恶化，即使其在特定的化学过程中无毒无害，仍不能看作可持续发展的绿色原料。例如，水虽然常被看作绿色溶剂，但如果因某特定化学过程过量使用引起水资源匮乏，水就不能被视作绿色溶剂。

包括水、森林、动植物和矿物在内的自然资源是人类社会生存和发展的物质基础，也是化工行业重要的原料和能量来源。但这些资源绝大多数存量有限，不可再生，最终都会随着生产和消耗日渐枯竭。因此，在经济技术许可的条件下，使用可再生资源和能源一方面可以减少环境污染压力，另一方面也达到了资源的可持续利用、减缓资源消耗的目的。

5. 无毒无害易降解或回收

大多数精细化学品是作为终端产品直接进入消费市场，因此在设计之初不仅要考虑产品的耐用性和无毒无害，还要考虑使用后的可降解性和回收利用。产品的耐用性不好，会因寿命较短而造成浪费，而耐久性超过产品使用寿命也是不可取的。最典型的例子就是塑料。塑料刚出现时就因其超长的使用寿命而受到人们的喜爱，但随后人们就发现这一性质带来了不少环境问题。产品使用完被废弃后应该能降解为无害物质，也是安全性评价的一个重要指标。例如，含磷洗涤剂虽然本身无毒无害，使用安全，但其分解释放的磷导致水体富营养化，造成藻类大量繁殖，危及水生生物的生存。因此，理想的精细化学品应该有适合的使用期限，废弃到环境中可降解为无害物质。

现代社会中，在多数情况下，产品寿命的终结是技术或款式老化造成的，并不是因为性能或质量的损耗，因此考虑产品使用后的回收利用价值对绿色精细化工来说尤为重要。

6. 尽可能简化反应过程

精细化工产品的制造过程较为复杂，因此应尽可能简化反应过程，提高效率，降低能源消耗和环境污染。简化反应过程包括两个方面：一是减少不必要的衍生化步骤。衍生化的目的通常是提高反应底物的活性或保护一些易变官能团。但衍生化过程中不可避免会带来产率和选择性的降低以及相应废物的产生，因此避免或减少不必要的衍生化可以提高原子经济性，促进过程绿色化。二是选择合适的催化剂。催化剂能够降低反应的活化能，从而改变反应的温度、流程，起到提高效率、降低成本的作用。

7. 综合考虑能源的利用率

任何一个化工生产过程都会消耗能源，因此提高能源利用效率对经济和环境效益具有重要意义。首先应尽可能采取常温、常压下的化工过程，达到节约能源的目的。其次是综合利用能源，通过相互耦合，提高能源利用效率。例如，充分利用放热反应产生的热驱动其他吸热反应或加热过程。最后可通过改进工艺和设备提高能源利用率，如改进换热器的结构提高换热效率、改进搅拌装置等。

8. 鉴别分析所有产物，并实施在线检测

任何一个化学反应都存在中间产物或副产物。通过鉴别分析所有产物，可以确定反应的基本参数和在线分析方法，从而在生产过程中进行实时在线监测和调控反应程度，减少额外试剂的加入，控制副产物并提高产率。

9. 对生产过程全面优化

精细化工属于化学工程学科的范畴，因此不能仅关注化学反应本身，而是需要对整个生产过程，包括水、电能能源的消耗、设施设备的合理使用、成本等进行全面优化。

10. 考虑社会因素

精细化工企业应选择建在人口密度相对较小的区域，并尽量避开水源地、风景名胜区等，以尽量减少对当地生态环境的一些负面影响。

以上这些原则既反映了当代可持续发展战略的基本要求，又体现了当今科学技术发展的成果。

1.2　绿色精细化工的主要研究内容

按照绿色精细化工的指导原则，必须从产品的全周期角度去设计、开发、生产和消费，才能真正实现精细化工产品的可持续发展。

1.2.1　绿色精细化学品的设计

虽然目前真正意义上无毒无害的绿色精细化学品屈指可数，但是随着人们对分子结构和毒性机理认识的提高，设计更加安全、绿色的精细化学品，使其在实现特定功能的同时具有较低毒害作用已成为可能。

在绿色精细化学品的设计理念中，研究人员需要改变已往仅仅关注化学产品自身的物理、化学性质，以及由此而产生的单向思维，在产品设计之初就综合考虑产品的结构、功能与环境属性，以便从源头减少危害和污染，维护社会的可持续发展。

具体方法如下。

1. 寻找结构-功能-环境三者平衡点

物质结构既决定产品的功能，又会在生产、使用和降解等环节给环境带来影响，三者之间相互影响、相互制约。在毒性机理不明的情况下，通过调整分子结构，研究三者之间的关系和规律，寻找其中的平衡点，才能达到既保证预期功能又减少危害性的目的，从而得到绿色产品。

2. 避免引入毒性基团

随着科学的发展，人们已经发现了大量能产生毒性的官能团，也了解了许多毒害作用的发生机制。因此，在设计精细化学品时，需要尽量避免将这些已知毒性的基团引入产品结构中，或者通过结构修饰，避免已知的毒性反应途径。例如，环氧结构容易与生物体中的核酸、蛋白质发生亲核反应而引发毒性。如果不能避免毒性官能团的引入，则可以采取一些修饰方法暂时改变毒性官能团，当需要时再转化为原先的基团。例如，作为活性染料中第一大类的乙烯砜型活性染料能将蛋白质、纤维素、锦纶染色，在印染工业中具有重要地位。但是乙烯基砜对皮肤和黏膜组织有强烈的刺激作用，因此利用 β-羟乙砜基硫酸酯在碱性介质中发生消除反应可生成乙烯基砜，避免了直接使用带来的危害。

3. 降低毒性物质的生物利用度

由于毒性物质必须进入生物体内才能产生相应效应，因此可以调节分子的水溶性、脂溶性等物理化学性质,控制其被生物膜或组织吸收的效率,以降低毒性。例如,对致癌的芳香胺类染料进行分子修饰,利用排泄或阻止其发生生物活化可降低毒性。

4. 设计可降解精细化学品

除了化学品本身的毒性外,持久性和累积效应也是需要考虑的一个问题。这方面比较著名的实例就是塑料和农药。因此可以在产品设计时,有意引入一些易于水解、光降解的基团,使其在环境中不能长期存在。需要注意的是,这类可降解精细化学品设计时必须保证其使用寿命,同时还要考虑降解后分解产物的毒性和危害。

绿色精细化学品的设计是一个系统工程,需要化学化工研究人员、毒理学家、生物学家等多学科背景人员的合作,以及实践检验才能实现。

1.2.2　绿色精细化学品的开发

绿色精细化学品开发包括的内容涉及制备工艺研究和制剂成型技术等多个方面。在实际工作中,通常把它划分为三个主要阶段:

(1) 实验室研究阶段。在此阶段主要是收集资料和数据,对设计的工艺路线和采用的技术进行验证和评价。在此基础上了解产品特征、获取必要数据,设计生产流程,进行物料、能量衡算等。

(2) 中试阶段。中试的重要工作是验证和修改之前的工艺或模型,并为工业化生产收集数据。

(3) 试生产阶段。该阶段主要以工艺设计为主,考察操作条件、物料和能量衡算、设备尺寸和结构、安全生产、"三废"处理等,最后建立一套工业化装置。

只有通过产品开发,才能完成科技成果向生产力的转化,实现知识变现。因此,在实践中一是要尽可能缩短中试过程,二是要在满足技术先进、经济合理和绿色环保的基础上尽可能实现过程优化。这需要借助一些先进的技术,如计算机辅助设计、微化工、过程耦合等。

上述开发过程的核心是化学反应,所以要从一个化学反应入手,并结合前面绿色精细化工的原则,在下述三个方面实现绿色化:

(1) 化学反应绿色化。首先是原料的绿色化,即尽可能选用无毒无害的化工原料和可再生资源进行精细化学品的合成与制备。这里所说的原料不仅包括反应的起始物质,也包括助剂、溶剂和催化剂等辅助物质。然后是产品的绿色化,即制备出的产品不仅无毒无害,也要可降解,符合可持续发展的理念。

(2) 生产技术绿色化。随着科学技术的发展,立体选择性合成、生物合成技术、高效的微波加热、绿色的光催化、神奇的电化学合成等技术不断在化工生产领域得到应用。除了这些传统的声、光、电外，等离子体和高能辐射加工等技术由于自身的高能量特性，能够实现常规条件下无法完成的化学反应，从而在化工生产中展现出其独特的优点。这些新技术的开发和应用将促使精细化工产业向高效、环保、可持续发展的方向发展。

(3) 生产过程绿色化。从实验室的简单反应到工业化生产，必须解决很多工程化的问题，自然涉及生产过程的绿色化。首先是放大效应。传统的釜式反应在实现工业化的过程中，必须经过小试、中试、试生产等多个环节，耗费大量人力物力。微化工技术通过将微控制系统和微尺寸反应设备高度集成，大幅度提升单位体积内的生产能力，具有高效、快速、灵活、易于直接放大等优点，给化工生产特别是精细化学品的生产带来了一场革命。另外，通过耦合、集成不同的技术，如反应-分离耦合、反应-反应耦合、吸热-放热耦合等，也可以实现高效制备、节约能源、减少排放。

以上三方面的研究是相辅相成的，其中最核心的是提高原子利用率和能源效率，从而减少污染和能耗。因此，评价一个精细化工生产过程是否绿色、可持续的重要指标就是"三低两少"，即原料、辅料(溶剂、催化剂、助剂等)和产品无毒或对环境的危害比较低；同时减少副产物和"三废"的产生。

1.2.3 精细化学品复配技术

大多数精细化学品需要按照一定的配方，以一种或几种成分为主，再配以辅助成分制成一定剂型后方可成为针对不同消费群体、实现特定功能的产品。但是这种配方并不是简单的混合，而是需要通过组分研究、配制成型、功效评价等多个阶段才能实现，具有高度的技术集成性和保密性。这种为了满足应用对象的特殊要求或多种需求，研究精细化学品配方和制剂成型理论与技术的综合应用技术称为复配技术。通过复配技术，不仅可以通过各组分的协同作用达到增效的目的，也可以减少或避免单一产品的毒副作用，达到"1+1＞2"的效果，进而增强产品竞争力。

精细化学品复配的主要研究内容包括配方研究和剂型研究两个方面，前者涉及旧配方的剖析和新配方的研制，后者则包括剂型选择与确定和剂型加工技术两方面内容，因此复配技术开发的一般流程如下。

1. 前期调研

复配产品最终要进入市场，获得消费者认可，才能创造经济效益，因此研究开发复配技术除了要求研发人员具有扎实的行业基础知识，也要十分熟悉产品市场。前期调研也必须兼顾这两个方面。具体来说，技术调研主要包括产品的主要成分、配方基本构成、制备工艺、分析检测手段、原材料供应及可能存在的问题等。市场调研则侧重于市场上的同类产品基本情况、消费者需求、产品发展趋势等。在前期调研中特别要注意国内外新上市或正在研发的产品及其对研发产品的影响，以避免将来不必要的纠纷或麻烦。调研的方法主要有文献检索和市场调查两种，在实际工作中可以结合使用。根据调研结果，再结合国家政策法规、市场趋势、用户需求和风险分析、生产工艺等情况确定产品及其剂型。

2. 配方研究

配方研究的目的是寻找各组分之间的最佳组合和配比，从而使产品性能、成本、工艺均取得最优化。其主要内容包括主成分和辅助成分的筛选、配方设计和配方优化三方面内容。主成分是实现产品主要功能的有效成分，但可作为主成分的物质往往不限于一种物质。可根据文献或试验筛选符合要求的主成分。辅助成分主要是起到提高产品性能和实现产品剂型的作用，在配方中经常因技术保密而公开不充分。

配方设计是配方研究的核心内容，也是新产品研发的关键，需要在了解产品功能和原材料性能的基础上，依据科学理论，借鉴国内外的技术经验才能实现。不同种类的精细化学品的配方原理不同。对于涉及化学反应的配方，主要根据化学反应式进行配方设计；而与化学反应无关的配方主要根据产品的性能要求和功效原理设计配方。另外，配方设计还要考虑经济合理性和工艺可行性。

配方优化主要是通过变量实验，采用优选法和正交实验等科学实验方法对配方的成分、比例、工艺等进行调整和优化，以最终实现产品的特定功能。

3. 生产产品

配方研究完成后得到的新产品并不能直接投入生产，还要经过中试阶段，进一步检验配方和工艺的合理性。与此同时，还要对产品进行现场应用检验，确定达到设计的性能指标；制定产品质量标准，保证产品质量。

4. 市场推广

市场推广主要包括市场分析、产品定位、目标客户的选择等。除此之外，还包括用户的技术服务和培训、编制各种应用技术资料等，并及时反馈使用过程中的问题，促进产品迭代。

1.3 绿色精细化工技术总结与发展趋势

随着环保意识的增强以及可持续发展战略的深入，绿色化工已成为化学工业的必然选择。绿色化工所强调的是从源头对污染过程进行控制，因此必须开发相应的绿色化工技术以支撑其自身发展。这里总结了近年来出现的比较成熟的绿色化工技术，并做简单介绍。

1.3.1 绿色精细化学品合成技术

20 世纪后期，新技术、新试剂、新反应不断涌现，促使精细化学品的合成向更高效、环保和经济的方向发展。这里对一些主要的合成技术做简单介绍。

1. 光化学合成

常见的化学反应是以热量作为化学变化能量来源的。这些化学反应本质上属于基态化学。而以紫外线、可见光或红外线等作为能量来源的化学反应称为光化学反应，是一种激发态化学。人们熟知的植物光合作用就是最典型的光化学合成。

人类很早就发现了光化学合成，但因缺少适宜的光源，导致该领域发展缓慢。随着波谱技术发展以及各种光源的出现，光化学合成得到了较快发展。

光化学反应明显存在两个阶段，一是吸收一定波长光的能量形成激发态分子的初级过程，二是激发态分子形成产物的次级反应过程。与热化学反应一样，光化学反应也遵循化学反应的一些基本理论：如电子的排布与再组合、热力学基本定律、大基团的立体化学效应等。不同的是，热化学反应中分子处于基态，需要的活化能较大；而光化学反应中分子吸收的光能比加热提供的能量大很多，导致分子跃迁至内能较高的激发态，其所需的活化能一般较低。因此，热化学反应需要克服一定的能垒才能发生反应，因而反应的路径不多；而光化学反应本身就处于一个高能量状态，当其失去能量回到基态时就有可能产生不同的过渡态或中间体，从而产生热化学反应无法得到的产物。

影响光化学反应的主要因素是光源、光的辐射强度及溶剂，因此要实现光化学反应，必需的两个关键设备是光源和光化学反应器。目前常用的普通电光源主要有碘钨灯、氙弧灯和汞弧灯。前两种光源提供的分别是波长小于 200 nm 的连续紫外线和 147 nm 的紫外线。汞弧灯则分为低压、中压和高压三种不同类型，可提供不同波长的光。光化学反应器是一种比较特殊的反应器，它必须考虑光反应的空间不均匀性特征，以尽可能增加反应区的面积，使更多反应物能接收到光照，从而参与光反应。目前常见的光化学反应器分为浸没式和降膜式两种。前者类似于间歇式釜式反应器，直接把一支或多支光源浸入反应液中，虽然吸光效率高，但容易附着沉淀物，需定期清理；后者类似于一种连续式反应装置，将光源置于两个石英玻璃制成的储存室之间，反应液被循环泵从底部输送到顶部后再沿与光源平行的反应器壁以液膜形式流下，接受均匀而充分的光辐射后流回储存室。此过程不断循环直至反应结束。

目前已报道的有机光化学反应主要是周环反应(包括电环化反应、环加成反应和σ-迁移反应)、单电子转移反应、Norrish Ⅱ型反应及重排等。其中,周环反应是一种协同反应,在反应过程中旧键的断裂和新键的生成同时发生,只有一个过渡态,不存在自由基或离子等中间体。因此,这类反应一般具有高度的立体选择性。另外,光化学反应可通过调节光波长和光强度,控制反应的选择性和反应速率。因此,高能量的光活化分子特别适用于一些传统热反应难以实现的高内能小环、多环及笼状化合物的合成,在经济价值高的天然产物、香料、药品等精细化工领域应用较广。

有机光化学合成的主要缺点也与它本身高内能的激发态有关,即较多的反应可能性往往会导致副产物多,难以分离和纯化,降低了工业化的应用价值。另外,电子激发所需的能量远大于热反应加热所需的能量,造成有机光化学合成能耗大。

2. 微波辅助合成

位于红外辐射和无线电波之间、频率为 300 MHz～300 GHz 的电磁波称为微波。其中,400 MHz～10 GHz 波段专用于雷达,其余部分用于电信传输。为了防止干扰,民用微波的频段被限制在(915±15)MHz 和(2450±50)MHz。当物质中的极性分子受到微波辐射时,会发生极化吸收能量,并通过与周围其他分子的碰撞将能量传递出去。由于极化的弛豫时间为 $10^{-12}～10^{-9}$ s,几乎相当于物体中的每一个分子同时在吸收和传递能量,所以微波加热速度快而均匀,无滞后效应。与传统的加热方式相比,微波加热的直接性和高效性显著促进了有机化学反应,使微波化学受到了人们的重视并得到快速发展。

对微波加速有机反应的原因,学术界主要存在两种不同的观点。一种观点认为,由于大多数化学反应速率与温度存在指数关系(阿伦尼乌斯关系),因此微波是一种直接有效的加热方式,即致热效应极大地提高了反应速率。另一种观点根据微波辐射会破坏一些反应中存在的阿伦尼乌斯关系的事实,认为还存在一些"非热效应"。总而言之,微波辐射对有机反应的作用十分复杂,反应类型、微波强度和频率及环境条件等因素都有影响。

按照微波波形分布(模式)的不同,目前使用的微波有机合成反应仪主要有多模和单模(图 1-1)两种。前者是在一个谐振腔内存在多种电磁场模式,单模的电磁场比较简单,可以用一种数学模型来解释。因为微波谐振腔加热有负载牵引效应,多模条件下会出现强弱叠加的加热效果,导致其加热均匀性和可重复性一般;而单模条件下电场分布均匀,可重复性较好。但多模微波反应仪的优点是谐振腔体积比较大,而单模微波反应仪则因需要保持均一的电场无法做成大体积。

图 1-1　单模微波反应仪

无论哪种模式，微波反应仪都有两种反应方式：一种是密闭反应方式，另一种是常压反应方式(图 1-2)。前者是一种微波加热下的高温高压反应技术，在微波特殊加热方式下，反应在密闭的体系中瞬间获得高温(250℃)和高压(8 MPa)，大大提高了反应速率，适用于高沸点、不易挥发的反应体系。其缺点是要求反应容器既能耐受高温高压不变形，又不吸收或少吸收微波。后者类似于常规条件下的常压有机合成，装置简单、操作方便，适用范围广。

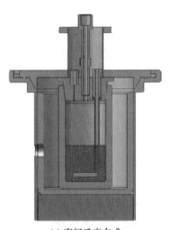
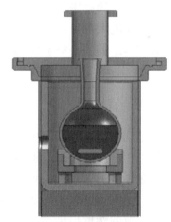

(a) 密闭反应方式　　　　　　　　　　　　(b) 常压反应方式

图 1-2　两种微波反应方式

在使用微波有机合成技术时，除了根据要求选用适当的反应容器外，还需要注意反应介质的选用。根据微波的加热原理，极性溶剂一般对微波能量的吸收较好。所以能溶于水的反应物多选用水为溶剂，不仅加热效率高，还可降低成本和污染；不溶于水的反应物，可以选择醇、酮和酯，甚至是二甲基甲酰胺(DMF)作为溶剂。按照溶剂的极性强弱以及它们吸收微波能力的大小，将常用的溶剂分为高、中、低三类(表1-1)，以便在实际使用时参考。

表 1-1　微波反应中的溶剂分类

溶剂	10 mL 溶剂反应所需微波功率/W	吸收微波能力
乙醇、甲醇、二甲亚砜、丙醇、硝基苯、甲酸、乙二醇等	20～50	高
水、DMF、N-甲基吡咯烷酮、丁醇、乙腈、六甲基磷酰胺、甲基乙基酮、丙酮、硝基甲烷、邻二氯苯、1,2-二氯乙烷、2-甲氧基乙醇、乙酸、三氟乙酸等	50～100	中
氯仿、二氯甲烷、四氯化碳、1,4-二氧六环、四氢呋喃、乙二醇二甲醚、乙酸乙酯、吡啶、三乙基胺、甲苯、苯、氯苯、二甲苯、戊烷、己烷等	100～150	低

目前微波有机合成技术在第尔斯-阿尔德反应、酯化反应、重排反应、克脑文盖尔反应、贝克曼反应等有机反应中效果明显，应用较多。

尽管微波有机合成技术发展迅速，但到目前为止，微波有机合成的绝大部分反应还处于实验室研究阶段，主要用于优化一些已知的反应。要使微波有机合成实现工业化，首先要解决的是工业化的微波合成装置。它必须能满足大规模生产要求，且价格不能太贵。由于微波有机合成反应速率快，工业生产中最好采用微波连续合成技术。另外，对于放热明显的反应，必须解决散热问题，以免发生安全事故。

3. 声化学合成

声化学是利用超声波加速化学反应、提高反应产率、改变反应途径的一门新兴交叉学科。超声波的频率范围为 20 kHz～1000 MHz，在海洋探测、材料探伤、医疗保健、清洗、粉碎等方面都得到了广泛的应用。随着大功率超声设备的发展，声化学也得到了迅速发展，逐渐成为化学领域的一个新分支。

常用超声波的能量很小，甚至不能激发分子的转动能级变化，更不可能在分子水平上打开反应物化学键而引发反应。已有的研究表明，超声波能够加快化学反应的主要原因可能与其超声空化效应有关。在超声波的作用下，液体被激活或产生空化泡(微小气泡或空穴)，并发生空化泡振荡、生长、收缩和崩溃等一系列动力学过程，即超声空化现象。在这一过程中，具有周期性振动的超声波以机械波的形式将液体进行压缩和膨胀，从而在液体内部形成正压(将分子推到一起)和负压(将分子彼此拉开),"撕裂"了液体的结构形态。当超声波能量足够大时,其负压作用就导致液体内部产生大量的内外压力悬殊的微小气泡或空穴(空化泡)。另外,附着在固体杂质或容器表面的微小气泡或析出的溶解气体也能形成空化泡。这些空化泡在超声波稀疏区发生强烈的振荡并迅速胀大,同时液体间的强烈摩擦导致空化泡带电;在超声波压缩阶段这些胀大了的气泡或空穴迅速塌陷、破裂,其在稀疏区所带的电荷得到中和而出现放电发光现象。当气泡或空穴消失时,周围的液体以巨大的速度来填充它们,导致液体中出现了雾流,有时还可听到小的爆裂声。正是这种空化作用,在空化泡爆裂的极短时间内,在其周围的极小空间内产生 5000 K 以上的高温和大约 50 MPa 的高压,温度变化率高达 10^9 K/s,并伴随着强烈的冲击波和速度达 400 km/h 的微射流,同时还伴有空穴的充电放电和发光现象。在这种局部的高能环境中,分子将发生热解离、离子化或产生自由基等,从而加速反应的进行,甚至改变反应历程。

超声波对许多有机反应,特别是非均相反应不仅具有显著的加速效应,还可减少相转移催化剂的使用,从而减少污染,降低成本。另外,超声辅助的有机反应多数情况下不需要搅拌,大大简化了反应操作。目前有机声化学合成在氧化、还原、相转移催化等反应中得到了一些应用。但是超声波并不是万能的,它对某些化学反应的效果不佳,甚至还有抑制作用。

4. 电化学合成

电化学合成是通过电能与化学能的转换实现有机物质合成的一种技术。其本质是在电能驱动下,分子在"电极/溶液"界面发生电荷传递,发生氧化还原反应,从而导致旧键断裂,新键形成。有机电化学合成的优势在于反应过程使用电子作为清洁试剂,不需要使用额外的氧化剂或还原剂;改变电极电势可有效调节反应速率,提高选择性;反应往往在常温常压条件下完成,符合原子经济性和绿色化学的基本要求。虽然从理论上说,所有氧化还原反应都可以用电化学合成方法实现,但在实际应用中,一些氧化还原反应的电极电势超出了反应体系中介质的电势范围而无法进行。目前有文献报道的有机电化学合成反应类型主要包括官能团加成、取代、裂解、消除、偶合等涉及氧化还原的反应。

电化学反应的一般历程为:在外加电源的作用下,阳极和阴极之间产生电势差,导致阳极失去电子,并经电解液传导流向阴极,使阳极形成氧化性环境,阴极形成还原性环境;电解液中的反应物得到阳极流出的电子而发生还原反应,或者将电子转移给阴极而发生氧化反应。

在上述历程中,主要涉及"电极/溶液"界面得失电子的电化学反应过程、溶液中离子的迁移或电子导体中电子的导电过程、反应物向电极表面传递以及产物自电极表面向溶液或电极内部的传质过程、电极界面双电层的充放电过程等。除此之外，还伴随吸附-脱附、新相生长等过程。

一个典型的电化学合成装置由外加电源、电解液和阴阳极三部分组成。

按组成材料的性质，电极材料大致分为金属与合金、碳材料、金属氧化物等三大类。一般来说，常用的金属材料有铂(Pt)、镍(Ni)、铁(Fe)、铜(Cu)、汞(Hg)、银(Ag)等，合金电极通常是蒙乃尔合金、硅铁合金、铂-铱(Pt-Ir)合金、铂-铑(Pt-Rh)合金、铂-金(Pt-Au)合金、铂-钯(Pt-Pd)合金等。

碳材料是电化学工业中使用最广泛的一种材料，既可作为电极，也可作为电催化剂的载体和导电剂。石墨具有六方晶体结构，其表面不存在含氧官能团，而棱面(与六方平面垂直)存在羧基、醌基、内酯基等含氧官能团，导致它们的电化学性质存在差异。掺硼金刚石(boron-doped diamond，BDD)是一种新型的电极材料，其特殊的 sp^3 杂化结构和导电性能使 BDD 具有宽的电化学电势窗口、较低的背景电流、较好的物理化学稳定性和低吸附性等特点，在电催化领域具有较好的应用前景。与石墨不同，由聚糖醇或酚醛树脂热解制成的玻碳具有各向同性的导电性能和物理化学性能。

氧化钌(RuO_2)、氧化锰(MnO_2)、氧化铅(PbO_2)等金属氧化物由于导电性接近金属，也可作为电极材料使用。例如，氧化铅(PbO_2)可在芳烃、醇、酚等有机物的氧化反应中用作电极材料。

作为电化学装置的核心部件，电极材料不仅影响反应的产率，而且与反应的能耗密切相关，更是电化学合成成败的关键因素之一。对特定的电化学合成反应来说，电极材料的选择要在满足良好电催化活性和选择性的基础上，综合考虑化学稳定性、导电性、易加工性及成本等因素。通常情况下，表观活化能大、交换电流密度小的电极材料具有较高的电极活性。因此，在实际工作中可先通过测量选出表观活化能小、交换电流密度大的电极材料，再经实验确定。

另外，电极的电化学电势窗口(potential window)，即析氧电势与析氢电势的电势差值，也是衡量电极材料的电催化能力的重要指标。一般来说，电化学电势窗口越大，特别是阳极析氧电势越高，对于在高电势下发生的氧化反应及合成具有强氧化性的中间体更有利。表 1-2 给出了常用阳极材料的析氧电势，可供参考。

表 1-2 常用阳极的析氧电势

阳极材料	析氧电势/V	电解质环境(浓度)/(mol/L)
Pt	1.6	0.5
IrO_2	1.6	0.5
石墨	1.7	0.5
PbO_2	1.9	1

阳极材料	析氧电势/V	电解质环境(浓度)/(mol/L)
SnO$_2$	1.9	0.5
Pb-Sn(93∶7)	2.5	0.5
TiO$_2$	2.2	1
Si/BDD	2.3	0.5

有机电化学合成中使用的电解液通常为电解质溶液，除了发挥导电作用外，还为电极反应提供原料。电解质溶液之所以能导电，是因为离子在电场中的定向移动，即阴离子流向阳极，阳离子流向阴极。其导电能力的大小用电阻的倒数，即电导来衡量。在一定的条件下，电导与导体的截面积成正比，与导体的长度成反比，其比例常数就是电导率。也就是说，当导体的横截面积为 1 m^2、长度为 1 m 时的电导就是电导率。

电解质溶液电导率的大小与正负离子的多少及其运动的速率有关。一般来说，离子价数越高，离子的运动速率越大，电导率也越大。当形成水合离子时，水合离子的半径越大，离子的运动速率越小，电导率越小。H$^+$和 OH$^-$的导电能力是一般离子导电能力的 5～8 倍。

电导率与电解质溶液浓度的关系比较复杂，原因在于随着浓度的增加，离子数目增加，电导率提高。另外，浓度增加导致离子间的距离减小，相互作用增强，会带来弛豫效应和电泳效应等，使离子的运动速率降低。对强电解质溶液来说，电导率会随着浓度的增加出现先增加后下降的现象；而弱电解质溶液的电导率随浓度的变化不明显，是因为真正起导电作用的离子数目变化不大。中性盐溶液由于受饱和溶解度的限制，浓度不能太高，所以电导率一般随着浓度增加而增加。

另外，溶液温度升高，使离子运动速率增加，电导率增加；离子运动速率随着溶液黏度增加而减小，使电导率下降。

碱金属盐和季铵盐由于其化学惰性以及在多数有机溶剂中良好的溶解性，已成为目前最常用的电解质。这类电解质通常在电极表面形成双层界面，通过改变反应物的扩散行为而影响反应活性。

为保证电解反应的顺利进行，在选择溶剂时要考虑对反应物有良好的溶解能力和好的导电性能，除此之外，还要求有较宽的电势窗口，保证溶剂和电解质在电解反应时不会被电解破坏，也不会与产品发生反应等。因此，对大部分有机电化学合成反应来说，通常需要使用的是惰性的极性质子性有机溶剂，如 DMF、甲醇、二氯甲烷、乙腈、四氢呋喃、丙酮等。图 1-3 列出了电化学合成反应常用的溶剂，其介电常数从左至右逐渐增大。

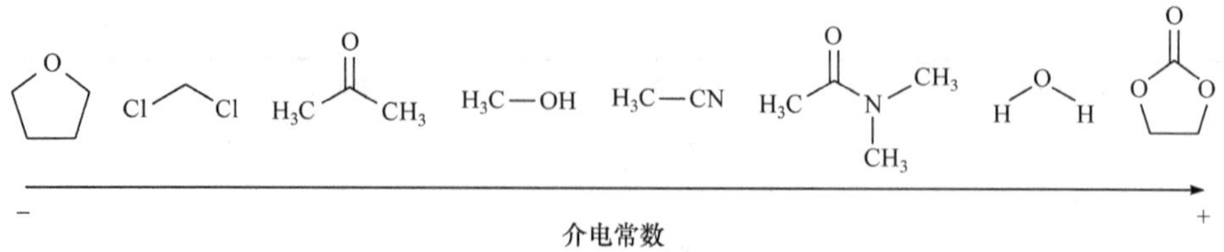

介电常数

图 1-3　电化学合成反应常用溶剂

溶剂介电常数从左至右逐渐增大

在传统的"原电池"型进行的电化学合成反应中，电极直接给予反应物电子或者从反应物上获得电子生成产物，而对电极产生的往往是副产物，导致"电子经济性"不高。最近发展的成对电解(paired electrolysis)法通过离子渗透膜将电解槽分隔为两个(或三个)电解反应室，可以在不同的反应室中采用不同的电解液和反应物进行不同的反应，从而在不同的电极得到不同的产物，提高电子经济性。

Baran 教授课题组总结了一些有机电化学合成反应的经验，列于表 1-3，以供参考。

表 1-3　有机电化学合成反应经验总结

有机电化学合成实验条件	可选范围
阳极	氧化反应和成对电解反应可选网状玻璃电极、碳电极、铂电极、金属氧化物电极
	还原反应可选镁电极、铝电极、锌电极、铁电极
阴极	氧化反应、还原反应和成对电解反应可选锌电极、网状玻璃电极、碳电极、镁电极、镍电极
溶液	氧化反应可选二氯甲烷、乙腈、硝基甲烷为溶剂
	还原反应可选 DMF、己二酸二甲酯、四氢呋喃、二甲基醚为溶剂
	成对电解反应可选二甲基乙酰胺、乙腈、碳酸亚乙酯为溶剂
电解质(0.2 mol/L)	氧化反应、还原反应和成对电解反应可选四丁基铵(Bu_4N^+)或锂(Li^+)盐、四氟化硼(BF_4^-)或六氟化磷(PF_6^-)盐作为电解质
电流*(mA)/电压(V)	电流 <0.5 mA 或电压 >30 V

*为直流电。

1.3.2　绿色溶剂和无溶剂体系

许多化工反应需要溶剂的参与才能顺利进行。随着科技的进步，人们也逐渐意识到溶剂不仅起溶解反应物的作用，还可以通过各种相互作用影响反应历程、反应方向，甚至是立体化学。但是，溶剂的过量使用及其本身的毒副作用对人类健康和环境都造成了危害。因此，开发绿色溶剂和无溶剂体系是绿色化工的重要研究方向之一。

1. 水

大多数有机物不溶于水，甚至会在水中分解，因此在传统的认知中水不适合作为有机反应的溶剂。实际上，水作为地球上最廉价的溶剂，不仅无毒，而且不危害环境和人体健康，更不存在易燃易爆的危险。因此，开发以水或含水的有机溶剂作为反应介质的水相反应越来越受到重视。目前可以在水相中进行的有机合成反应主要有羟醛缩合反应、曼尼希(Mannich)反应、迈克尔(Michael)加成反应等。甚至一些钯催化的金属有机反应也可以在水相中顺利进行。已有的研究表明，除了价廉物美、环境友好外，水作为溶剂还具有分离简单、无易燃易爆隐患等优点。在一些反应中水的存在还能减少副产物生成，甚至促进反应、改善化学和立体选择性等。

但是水相反应的发展历史还较短，相关的理论研究也没有像有机溶剂那样深入和透彻，更不能完全套用已有的结果和方法。水中氢键对反应的影响、金属原子与配体的结合程度、催化循环过程等问题都需要阐明。

2. 超临界流体

当流体处于超临界温度及超临界压力下时，会处于一种没有明显气液分界面，介于气态与液态之间的流动状态。这种临界状态的流体称为超临界流体。与传统介质中的化学反应相比，超临界流体对化学反应的影响主要有以下特点：

(1) 加快反应速率。超临界流体从两个方面影响反应速率。一是超临界流体通常具有较高的压力，有利于提高反应速率。二是超临界流体不仅增大了反应物的溶解度，而且消除了相界面，使一些多相反应变为均相反应，有利于提高反应速率。

(2) 改变选择性。如果存在多种反应物，则因为不同反应物的反应速率对压力的响应不同而出现选择性。因此，可改变压力使反应的选择性发生变化。

(3) 提高转化率。物质的溶解度会随压力和温度的变化而变化。因此，调节温度和压力使反应物及时离开反应体系，有利于提高反应的转化率。

目前研究最多的是超临界二氧化碳($scCO_2$)，因为二氧化碳的临界温度和压力分别是 31.1℃和 7.18 MPa，很容易实现，而且二氧化碳安全无毒、廉价易得。

$scCO_2$ 对多种物质具有良好的溶解能力，从非极性的烃类、多环芳香化合物，到酯类、醇类、羧酸等极性物质都能溶解。另外，$scCO_2$ 的临界温度接近室温，可避免热敏感的物质发生分解或氧化。因此，$scCO_2$ 在药品的浓缩精制、天然产物提取等方面应用非常广泛。

虽然水的临界温度(374.2℃)和临界压力(22.1 MPa)均较高，但其具有较强的反应活性和广泛的融合能力，可以实现一些常规条件下无法进行的酸催化反应。目前超临界流体在环化反应、羰基化反应、不对称催化反应等方面都有成功的案例。

　　超临界流体技术最主要的一个缺点就是维持超临界状态需要耐高压和高温的反应容器，导致设备投资和能耗均较大。因此，超临界流体在天然香精、药品等高附加值的精细化学品生产中应用较多。

3. 离子液体

　　离子液体是由含氮、硫、磷的有机阳离子和无机或有机阴离子构成的盐类。由于在室温下为液体，常称为离子液体或室温熔融盐。目前已报道的离子液体有600多种，其中最常见的有机阳离子是含氮的烷基铵、烷基咪唑和烷基吡啶，阴离子则主要来自单核阴离子(BF_4^-、PF_6^-、SbF_6^-、HSO_4^-等)和多核阴离子($Al_2Cl_7^-$、$Al_3Cl_{10}^-$、$Ga_2Cl_7^-$等)。决定离子液体性能的主要是阳离子，但通过与不同的阴离子进行组合，可以得到物理化学性能符合需求的离子液体。

　　离子液体的特点是常温下为液体，具有较好的流动性，且不挥发，不易燃，性能稳定；对多种物质具有良好的溶解性能，但又与多种溶剂不互溶，容易回收；具有可调节的酸碱性和良好的导电性。这些特点使离子液体可以替代一些传统的有机溶剂，应用于精细化学品的合成、分离及电解等领域。

　　在加氢反应中，离子液体可以作为反应介质起到溶解反应物、稳定催化剂的作用；在弗里德-克拉夫茨(Friedel-Crafts)反应中，$AlCl_3$型离子液体既是催化剂又是溶剂；在酶催化反应中，离子液体可以保持酶的催化活性，并提高极性底物的溶解度。

　　离子液体的使用有利于消除有机溶剂带来的安全和污染隐患，但其合成过程会产生大量的"三废"，而且离子液体本身是否能够产生持久污染物仍存在争议。按照产品生命周期的指导原则，不能得出所有离子液体都是绿色溶剂的结论。

4. 碳酸二甲酯

　　碳酸二甲酯(dimethyl carbonate，DMC)是一种公认的无毒或毒性较小的绿色化工产品，受到国内外广泛关注。碳酸二甲酯不仅溶解性好，而且与多种溶剂互溶，还有蒸发温度高及蒸发速度快等特点。工业上，碳酸二甲酯是一种重要的一碳原料，广泛应用于羰基化、甲氧基化和甲基化，制造各种精细化学品。正在开发的二氧化碳和甲醇直接合成碳酸二甲酯工艺，不仅原料易得环保，而且在其整个产品的生命周期内都具有较高的安全性，是目前最符合绿色精细化工理念的化工产品之一。

5. 无溶剂体系

　　大多数情况下，溶剂在反应中的作用是保证物料混合均匀和稳定地传热，因此从理论上讲，如果能采用其他方法达到上述效果，则完全可以不使用溶剂，这就彻底消除了因使用有机溶剂带来的危害。已有研究结果表明，一些固相反应、液相反应、固液反应或熔融状态下的反应都可以在无溶剂条件下进行。

促进无溶剂反应的方法通常有以下几种：

(1) 机械混合法。在室温或加热状态下，采用研磨或高速振动、粉碎等强烈的机械方法使反应物料充分混合并发生反应。例如，在 40～80℃条件下，将酮肟与三氯化铝充分研磨，可以得到贝克曼重排反应产物。

(2) 相转移催化法。加入相转移催化剂可促进固-液和液-液等多相无溶剂体系中的反应。例如，相转移催化剂四丁基溴化铵可促进芳香醛与芳香酮在无溶剂条件下制备取代环己醇。

(3) 微波辐射法。物体吸收微波后，会通过自身内部偶极子的高频往复运动将微波能转变为热能。由于不经过热传导过程，微波加热具有升温速度快且迅速的特点。因此，可先将反应物料混合均匀后，用微波直接加热使其反应。

(4) 无机载体负载法。反应物料混合的方法既可以采用前面的机械混合法和相转移催化法，也可以将物料均匀负载于多孔性无机载体上。采用无机载体负载法的优点是反应物分散度高，反应温和，有利于减少副产物。

(5) 主客体包结法。利用环糊精、杯芳烃等超分子作为主体分子，按一定比例与作为客体分子的反应物形成包结化合物。然后在加热、光照等条件下，使反应物发生反应。由于反应物作为客体分子被包结在主体分子内部，相当于处于一个微型的反应容器内。主体分子与客体分子之间的非共价作用力会对反应物之间的反应产生选择性。

无溶剂反应最突出的问题是体系流动性较差，在固-固反应中更是没有流动相。这就为原料输送和设备选型带来很多问题，增加了工业化的难度。

1.3.3　绿色催化

催化剂能提高化学反应速率，改变反应途径，被誉为现代化学工业的"心脏"。因此，寻找新型、高效的催化剂一直是化学化工领域研究的热点。绿色催化剂除了要服务于上述目标外，还要解决催化剂带来的环境污染和资源浪费等问题。近年来，绿色催化剂的研究主要集中在两相催化剂、生物及仿酶催化剂、不对称催化剂等方面，有力促进了有机合成工业，特别是精细有机合成工业的绿色化。

1. 相转移催化剂

在液-液、液-固等多相反应中存在的相界面会阻碍反应物之间的接触，导致化学反应几乎不能进行。相转移催化剂可以帮助反应物通过相界面迁移到另一相，反应结束后又返回到原来的相中，继续与反应物结合，周而复始地在两相之间运输反应物而自身不发生任何变化,从而促进反应。目前常用的相转移催化剂有季盐类、冠醚、穴醚和开链聚醚等。

季盐类主要有季铵盐和季磷盐两大类。它们的催化效果依赖于其阳离子的亲脂性和阴离子的亲水性。季铵盐的特点是价格便宜、毒性小,因而应用广泛。常用的季铵盐有苄基三乙基氯化铵、甲基三辛基氯化铵、四丁基溴化铵、四丁基硫酸氢铵等。

冠醚和穴醚是由 CH_2CH_2O 结构单元重复连接而形成的大环聚醚,具有特殊的空腔结构。当大小与空穴适合的反应物阳离子进入环内时,醚键中的氧原子通过其孤对电子和阳离子产生静电作用,形成配位阳离子,同时反应物的阴离子作为配衡离子与配位阳离子结合。另外,冠醚和穴醚上疏水性的亚甲基均匀地排列在环的外侧,导致形成的配合物容易溶解(迁移)到有机相。因此,冠醚和穴醚能促进一些无机物在有机溶剂中的溶解,从而使无机物与不溶于水的有机物之间的两相反应更容易进行。但冠醚因毒性大、价格高,其应用受到限制。

开链聚醚与冠醚的作用类似,也能与碱金属、碱土金属盐等客体分子或离子生成稳定的超分子配合物,促进其溶于弱极性有机溶剂中。目前常用的开链聚醚主要是聚乙二醇及其衍生物。与冠醚具有固定的空腔大小不同,聚乙二醇类开链聚醚是一种"柔性"的长链分子,通过折叠、弯曲可以与不同大小的客体配合。这类开链的相转移催化剂的特点是易于合成、使用方便。

近年来兴起的环糊精、杯芳烃等超分子衍生物也具有规整的空腔结构,可以通过氢键、范德华力等非共价相互作用与客体分子形成包结物,从而起到相转移催化作用。

虽然目前可用的相转移催化剂种类很多,但没有一种是普适于所有反应的。对于一个特定的反应体系,需要筛选合适的相转移催化剂。

2. 分子筛与多孔材料催化剂

分子筛是一种具有规则多孔结构的固体颗粒,属于多孔材料的范畴。按照其孔道尺寸的大小,将分子筛分为微孔(小于 2 nm)、介孔(2~50 nm)和大孔(大于50 nm)三种类型。天然沸石是人们最早使用的分子筛,在气体的吸附与分离中应用广泛。随着多孔材料化学的不断发展,骨架组成元素已由沸石的主要成分 Si 和 Al 扩展到大量过渡金属元素以及 B、C、N、P、As、S、Se 等非金属元素,相关的基本结构单元也呈现出多样化。合成的沸石及相关多孔材料已成为吸附、分离和催化等领域的重要材料。分子通过孔道进入催化剂的内部,在扩散、吸附与解吸附、中间体和产物形成以及产物从内部扩散出来的整个过程都会产生差异。由于分子筛和多孔材料催化剂具有有序而均匀的孔道结构,只有那些小于一定临界体积的分子才能进入或离开催化剂,因此其对许多反应表现出很强的择形性

(shape selectivity)催化作用。

除了自身可直接作为催化剂使用外，沸石及多孔材料还可以作为一些催化剂的载体应用于多种化工过程。这类催化剂的主要缺点是孔道内产生的大分子可能会沉积在催化剂活性中心表面，或者堵塞孔道，导致催化剂活性下降或失活。

3. 酶及仿酶催化剂

酶是一种具有催化功能的蛋白质，对维持细胞或生物体正常生理功能具有重要作用。酶除了具有化学催化剂的一般特征外，还具有条件温和、高效性和专一性特点，因此是符合绿色化工理念的催化剂。随着生物化工技术的发展，酶催化反应在化学化工领域，特别是医药、食品添加剂等精细化工领域得到广泛应用。

酶在有机介质中不仅表现出很高的催化活性，还具有一些特殊的性质，如易于回收产物和酶、可控制底物专一性等。目前酶催化的有机反应主要有氧化、脱氢、脱氨、还原、羟基化、甲基化、环氧化等。

酶的催化反应受温度、pH、离子强度等因素影响较大，而且酶的提取分离及固定化也存在一些技术难题，因此在工业化应用中受到诸多限制。

随着对酶结构-功能关系研究的深入，通过仿生手段模拟酶的识别、催化等功能的化学催化剂也可实现对有机反应的高效和高选择性催化。这些既能实现酶的功能，又比生物酶简单的化学催化剂就是仿酶。目前主要使用的小分子仿酶体系是环糊精、冠醚、杯芳烃、卟啉等大环化合物。大分子仿酶体系主要是基于聚合物的酶模型，如分子印迹聚合物和胶束等。

随着技术的发展，近年来还出现了杂化酶、进化酶。同时，基因工程、蛋白质工程、定点突变以及高通量筛选等技术也在仿酶的设计与合成中发挥着作用。

4. 手性催化剂

一个分子不能与其镜像重合的现象称为手性，具有这种特性的分子称为手性分子。手性是具有三维立体结构分子的一种不对称属性，在自然界中普遍存在。

构成生命的绝大多数有机分子都是具有手性的，因此大部分生命现象和过程都与手性密切相关。手性化合物不仅在医药、农药、香料和食品添加剂等领域有广泛应用，而且在电子和光学等特殊材料方面也受到人们的重视。通过不对称催化合成将手性中心引入分子中，是获得手性化合物最有效且经济的方法。

过渡金属配合物类手性催化剂一般由活性金属中心和手性配体组成，其中金属中心决定催化剂的反应活性，而手性配体控制反应的立体化学。因此，手性配体的设计与合成是该类催化剂的主要内容。科学家一直在寻求高效且合成简便的手性配体，目前已合成了包括膦配体、氮膦配体、含氮配体、含硫配体、卡宾配体、二烯烃配体等在内的大量配体。这些手性配体大多数是具有 C_2 对称轴的单齿、双齿或多齿配体，在催化过程中有很强的空间效应。

利用酶或细胞实现手性合成的生物催化体系是迄今最高效的环境友好型催化体系。经过各国科学家的努力，已经在生物催化的氧化还原、环氧化合物开环、羰基氰醇化、酯(腈)水解反应等方面取得了重大进展。

以脯氨酸及其衍生物为代表的有机小分子手性催化剂是手性催化领域继金属配合物和生物催化之后新的研究热点。目前设计合成的有机小分子催化体系有天然糖、生物碱、方酸衍生物等，它们在羟醛缩合、第尔斯-阿尔德、弗里德-克拉夫茨、曼尼希和迈克尔加成等反应中取得了成功。

虽然使用均相手性催化剂的不对称催化反应具有对映选择性高、条件温和等优点，但其昂贵的价格要求必须通过回收和再利用才能实现工业化应用。因此，开发负载化的非均相手性催化剂是解决催化效率和实用性的有效途径。随着绿色化学、超分子化学等新理论和新方法的发展，目前已发展了纳米孔中的手性催化、金属有机框架(metal-organic frameworks，MOFs)催化体系、"自负载"手性催化体系等多种非均相催化体系，并实现了包括氧化和不对称氢化在内的多种手性催化反应。

尽管取得了上述成就，但实用而高效的工业化手性合成技术仍然有限。只有加强基础和应用两方面的研究，才能提高手性催化剂的选择性和催化效率，实现工业化应用。

1.3.4　微化工技术

微化工技术是 20 世纪 90 年代兴起的一个多学科交叉研究领域，涉及化学、材料、物理、化工、机械、电子、控制等多种工程科学与技术。它将微机电系统与化学化工基本原理相结合，着重研究时空特征尺度在微米级和毫秒范围内的化工过程特征和规律。与常规尺度化工过程中依靠大型化达到降低产品成本不同，微化工技术通过微型设备和并行分布系统大幅度提高单位体积的生产能力。

微混合器、微反应器(图 1-4)、微换热器是微化工技术的核心，也是主要的微型单元操作设备。这些微型设备中通常含有当量直径为微米(10^{-6} m)级的微通道。由于微通道非常狭窄，流体在微通道内的流型被视为微层流模型。在此情况下，扩散成为传质过程的主要控制因素。同时，由于流体流层薄，增加了相间接触面积，导致扩散路径变短，使混合时间达到毫秒级，从而强化了传质过程，实现两相间均匀、超快速混合。微通道内的传热系数不仅比常规反应器大 1～2 个数量级，而且由于比表面积的增加，极大地提高了传热特性。这种较高的传质和传热能力使微化工技术能够提高能量和资源的利用效率，特别适用于快速和瞬间反应。对于本征反应动力学和传递速率各自控制或共同控制的慢反应或中等速率反应，可以采取升高反应温度和改变工艺条件加快反应速率。因此，理论上可以通过微化工技术对任何反应进行强化。

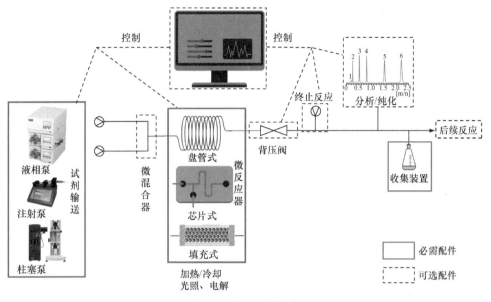

图 1-4　微反应器组成

另外，微化工技术可通过微控制器和微传感器精确控制物料比、反应时间、反应温度等条件，为化学工程向安全、绿色、高效的方向发展提供可能。

微反应器是微化工技术的核心设备。它通常借助特殊微加工技术，在固体基质上制造出可进行化学反应的三维结构元件。根据反应物的相态，微反应器可分为气-固相催化微反应器、液-液相微反应器、气-液相微反应器和气-液-固三相催化微反应器等。

微化工技术的特点是高效、快速、批量小、易直接放大及高度集成等，特别适用于精细化工和制药行业。目前主要应用于强放热易爆反应、反应物或产物不稳定的反应、涉及有毒有害物质的反应以及组合合成等。除此之外，还可用于精细化工的乳液和纳米材料制备(图 1-5)。

作为一种新兴技术，微化工技术虽然在设备制造和应用等领域都取得了突破性进展，但还面临许多问题。特别是微通道非常小的当量直径所造成的易堵塞和易腐蚀问题，严重阻碍了其在化工领域中的推广和应用。

1.3.5　耦合与集成

将不同的技术进行耦合，可以有效改进资源利用流程长、效率低等缺点，并减少废物的产生。最常见的是将反应与分离、反应与反应、分离与分离、反应与再生或者吸热与放热等过程进行耦合，从而在经济和环境上更有利。

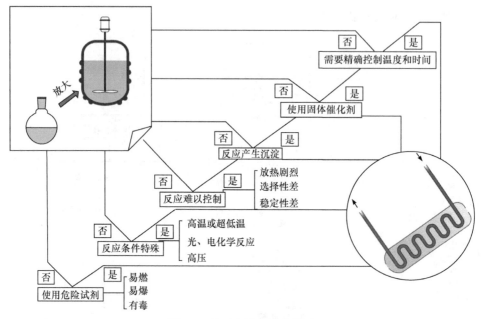

图 1-5　微反应器应用决策树

可以与反应相耦合的分离单元主要有蒸馏、膜分离、结晶、吸收和吸附等。通过耦合可以构成催化反应精馏、反应吸收、反应吸附、反应结晶、膜反应器、超临界反应分离等耦合新技术。其优点是可将产物从反应器中及时移出，从而破坏可逆反应的热力学平衡，使反应向生成产物的方向移动，提高反应的转化率和产率。在工业生产中，利用同一装置实现化学反应与分离过程，还可减少下游单元操作的数量，从而减少资金投入和能量消耗。

传统的逐步有机合成的缺点是合成步骤长、操作繁杂。另外，不同的化学反应存在化学平衡和热量利用等差异，在传统的分步合成中存在转化率低、选择性差、能耗高等缺点。将条件相近的反应耦合为"一锅法"的方式有可能克服上述缺点，从而达到高效、高选择性、操作简便等目的。将吸热反应与放热反应耦合在一起则是另一种节约能源的方式。

不同的分离单元具有各自的优势，通过各单元协同组合或互补，不仅可以用于性质相似的多产物反应体系分离，也可以打破反应平衡的限制，实现节能降耗，从而提高分离效率及整个过程的经济性。

1.3.6　绿色精细化工的发展趋势

研究表明，绿色精细化工的重点研究领域集中在原子经济性反应、生物工程技术、新型绿色催化剂、无溶剂体系或绿色溶剂、集成优化、膜分离技术与微化工技术等方面。

1. 原子经济性反应

原子经济性反应指反应物中的原子尽可能多地转化为产物中的原子，以最大限度地利用原料分子中的每一个原子。在有机反应中，重排反应和加成反应因产生的废弃物较少而具有较高的原子经济性；消除和降解反应因产物较多，原子经济性低。因此，在合成路线设计时应尽量选择前两种类型的反应。另外，为了提高原子经济性，可以采取的途径主要有采用新原料、开发新催化剂、开发新合成工艺等。

2. 生物工程技术

生物催化反应的最大优点是条件温和、选择性好。但酶一旦离开生物体后容易变性失活。因此，利用生物体或其组成部分(成分)，有目的、高效、定向制备生物产物或精细化工产品的生物工程技术应运而生。它综合了生物学、化学等多学科知识，研究内容包括基因工程、酶工程、微生物发酵等。生物工程技术是 21 世纪最有前途的绿色技术之一，在一些具有复杂结构的天然产物(如干扰素、胰岛素)合成，以及不对称合成(如手性药物)等方面具有优势，有望给饱受污染诟病的精细化工带来绿色的希望。

3. 新型绿色催化剂

催化剂可以提高反应效率、简化反应步骤、实现原子经济性反应，被誉为化学工业的"心脏"。因此，开发高效催化剂一直是化工领域的研究热点。近年来，固体酸碱催化剂、纳米催化剂、过渡金属催化剂等绿色催化剂的出现和应用推动了精细化工产业的绿色化。

4. 无溶剂体系或绿色溶剂

无论是精细化学品的制备还是复配，其生产过程中都会使用溶剂。这些溶剂由于不参与反应而成为废弃物。因此，采用无溶剂体系或绿色溶剂可以消除溶剂带来的危害，是国内外化工领域的研究热点之一。近年来开发的绿色溶剂有水、超临界流体、室温离子液体等。

5. 集成优化

精细化工产品工艺复杂、流程长，将不同技术进行有效集成并优化，有利于降低能耗、减少污染，从而提高生产效率。以最常见的反应和分离过程为例，通过将二者集成优化，可以破坏反应的平衡状态，使反应向生成物方向移动，从而提高反应的产率。

6. 膜分离技术

膜分离技术具有成本低、能耗少、可连续操作等优点。经过半个多世纪的发展，已成功开发了反渗透、超滤、电渗析等一系列高效技术。因此，将膜分离技术应用到精细化工产品的分离、提纯中，并与其他技术耦合使用，也是精细化工绿色化研究中的一个重要方向。

7. 微化工技术

以微型设备为核心的微化工技术将化工过程控制在微米或亚毫米尺寸内，强化了传质和传热过程，提高了反应效率和安全性。微化工技术集微机电系统和化学化工原理为一体，融合了微型制造技术、微传感技术、微控制系统等多学科内容。微化工技术的出现颠覆了传统化工的生产形式，将化工的研究领域向时空多尺度拓展。

第2章 实 验 基 础

2.1 实验设计和实验结果分析

精细化工实验通常是针对具体的产品或技术进行的一项实践活动。与科研工作类似，它需要经历实验设计、实验实施和实验结果分析的完整过程。这里主要讨论实验设计和实验结果分析两个阶段。

2.1.1 实验设计

根据实验内容，制定出切实可行、科学合理的实验方案，就是实验设计。实验设计主要包括实验方案选择、实验指标确定和实验因素考察三个方面。

同一种精细化学品既可以由不同原料制得，也可以由同一原料经不同工艺制得。精细化工的这种多方案性包含技术、经济环保等多方面因素，因此需要对实验方案进行选择。

(1) 原料的选择。原料在一定程度上决定了反应和反应器的类型，因此需对不同路线所需的原料和试剂进行评价和比较。具体的选择原则是原料便宜易得、利用率高、使用安全。

(2) 工艺路线选择。不同的工艺路线对设备、操作、安全等要求不同。要尽可能选择操作简单安全、设备要求低、步骤少、产率高的工艺路线。

(3) 考虑成本和环保因素。生产成本低和绿色无污染是精细化学品市场竞争力的重要体现之一。因此，在实验室研发阶段就需要在工艺路线中考虑这些问题。另外，中间体和产品的分离分析方法、相关仪器的使用等也是需要考虑的内容。

实验指标是指为达到实验目的而必须获得的实验参数，如反应速率、转化率、产率等。不同的实验目的对实验指标有不同的要求，因此应根据实验目的确定实验指标。

实验因素是指能对实验指标产生影响，并可以在实验中观察和测量的工艺参数或操作条件，如反应温度、压力、溶剂、催化剂等。需要注意的是，影响实验指标的因素有很多，必须根据实验指标的变化规律和实验条件，选择与指标相关的、可检测的因素进行考察。

在确定上述内容的基础上，根据实验的具体要求，考察主要指标、影响因素及其相互关系。

2.1.2 合成路线设计策略

如何从简单化学原料出发，设计高效、简洁、选择性好的反应路线是合成化学面临的难题。在实际工作中一般采用三种方法，即类型反应法、模拟文献法和逆合成分析法。

1. 类型反应法

类型反应法是利用经典的有机化学反应与合成方法设计合成路线的方法。它适用于有明显结构特征的化合物，或是某些特定官能团的形成、转化和保护。举个简单的例子，如果合成的目标化合物中含有酰胺键，则可以根据酰胺键形成的原理，采用羧酸与胺的缩合反应制备，或者是采用酯的胺解等方法。需要注意的是，如果分子结构中含有多个官能团，在应用类型反应法时，必须考虑反应物的结构特征，避免其他官能团对反应的不利影响。

2. 模拟文献法

虽然大多数情况下需要合成的目标化合物具有新颖的结构，但其中间体往往是已知的化合物。通过文献调研可以发现这些中间体或结构类似物的合成方法已有报道。经过比较、筛选后，参照或模拟文献的方法进行合成，可大大减少摸索实验的时间，提高效率。

需要注意的是，对已知化合物的合成一定要查到文献方法的具体细节后再进行实验，切不可简单参照通用的方法进行合成。这是因为有机反应复杂多变，在实际操作时会因底物性质、反应试剂、反应条件、后处理方法等不同而造成意想不到的困难。

3. 逆合成分析法

逆合成分析法是科里(Corey)于 20 世纪 70 年代根据多年的合成经验提出的一种合成路线设计方法，其本质就是按照有机化学的基本理论和一定的逻辑，将目标分子结构中的特定化学键切断，直至得到简单的原料和前驱体。该方法现已成为有机合成化学的基石，是研究和设计有机合成路线的重要方法。

2.1.3 化学反应计量学基本概念

1. 限制反应物和过量反应物

当一个化学反应不按照化学计量比投料时，最小化学计量的反应物称为限制反应物，超过化学计量比投料的反应物称为过量反应物。例如，在氯苯硝化反应中，按反应的化学计量比，氯苯和硝酸投料物质的量比为 1 : 2，但实际投料的物质的量比为 1 : 2.14。因此，投料量小的氯苯为限制反应物，硝酸为过量反应物。

化学计量比	1	2
投料物质的量/mol	5	10.7
投料物质的量比	1	2.14

其中，过量反应物超过限制反应物所需理论量的部分占所需理论量的百分数称为过量百分数。

过量百分数 = (过量反应物物质的量 − 理论上限制反应物完全反应所需要的过量反应物物质的量)/理论上限制反应物完全反应所需要的过量反应物物质的量×100%

在前面的例子中，硝酸的过量百分数 = (10.7 − 5×2)/(5×2)×100% = 7%。

2. 转化率(X)和选择性(S)

某一反应物 A 参与反应的物质的量 $n_{A,r}$ 占其投料物质的量 $n_{A,in}$ 的百分数称为物质 A 的转化率 X_A。其中，$n_{A,r}$ 可以通过 A 的物质的量 $n_{A,in}$ 与反应结束后剩余 A 的物质的量 $n_{A,out}$ 之差计算：

$$X_A = \frac{n_{A,r}}{n_{A,in}}\times100\% = \frac{n_{A,in}-n_{A,out}}{n_{A,in}}\times100\%$$

在一个化学反应中，不同的反应物可计算出不同的转化率，因此必须在计算时指明是哪种反应物的转化率。如果没有特别指明，一般是指主要反应物或限制反应物的转化率。

选择性(S)是指某一反应物 A 转化为目的产物 P 时，理论消耗的物质的量占该物质在反应中实际消耗的物质的量的百分数：

$$aA+bB = pP$$

$$S_A = \frac{n_P\left(\frac{a}{p}\right)}{n_{A,r}}\times100\% = \frac{n_P\left(\frac{a}{p}\right)}{n_{A,in}-n_{A,out}}\times100\%$$

式中，a 和 p 分别为反应物 A 和产物 P 的化学计量系数。

3. 理论产率(Y)

理论产率(Y)是指实际生成的目的产物 P 的物质的量占理论上产物的物质的

量的百分数：

$$Y_P = \frac{n_P}{n_{A,in}\left(\dfrac{p}{a}\right)} \times 100\%$$

或者是产物 P 的物质的量占反应中限制反应物的物质的量的百分数：

$$Y_P = \frac{n_P\left(\dfrac{a}{p}\right)}{n_{A,in}} \times 100\%$$

转化率(X)、选择性(S)和理论产率(Y)之间的关系是

$$Y = S \times X$$

例如，苯胺磺化反应中，作为限制反应物的苯胺投料量为 100 mol，待反应结束后，得到产品对氨基苯磺酸 87 mol 和未反应的苯胺 2 mol，以及少量焦油等副产物。那么，苯胺的转化率(X)为

$$X_{苯胺} = \frac{100-2}{100} \times 100\% = 98\%$$

产物对氨基苯磺酸的选择性(S)和理论产率分别是

$$S = \frac{87 \times 1}{100-2} \times 100\% = 88.7\%$$

$$Y = X_{苯胺} \times S = 98\% \times 88.7\% = 87.0\% = \frac{87}{100 \times 1} \times 100\%$$

4. 质量产率($Y_质$)

工业上还经常用目的产物的质量占某一输入主反应物的质量百分数，即质量产率($Y_质$)来表示某一反应产物的产率。需要注意的是，当产物的分子量大于某一输入主反应物的分子量时，会出现质量产率($Y_质$)大于 100% 的情况。

5. 原料消耗定额

每生产 1t 产品需要消耗的各种原料的质量(以 t 或 kg 计)称为原料消耗定额。对主反应物来说，原料消耗定额就是它质量产率($Y_质$)的倒数。原料消耗定额的意义在于对原料消耗进行控制和监督，以降低消耗和成本。

2.1.4 实验结果分析

对于得到的实验结果，需要从实验现象、指标变化等方面进行分析，找到其背后的规律。这里主要考虑以下三个方面：

(1) 直接原因。根据化学反应的理论，催化剂、温度、压力等会直接影响反应结果，如产率、选择性、反应速率等。

(2) 工程原因。工艺条件、反应器类型和尺寸、操作方式等工程因素相互影响，会带来流速、混合、温度等问题，从而影响反应结果。

(3) 非常规原因。最常见的非常规原因有物料配比错误、催化剂中毒、反应液污染、原料质量不合格等。

2.2 实验记录与实验室安全

2.2.1 实验记录

实验记录是指在科学研究过程中，关于实验计划、步骤、结果、分析的各种文字、图表、音像等原始资料，是科技档案的一部分。实验记录是科研活动最重要、最原始的凭据，是撰写论文、成果鉴定、申报奖项的最主要依据，是最基本的素材。做好实验记录是科研人员的基本功，研究、复习实验记录有助于培养科学思维模式，发现、分析和解决问题，为以后的实验提供借鉴，使实验做得更好。因此，良好的实验记录习惯有助于培养、提高个人的科研能力。

对实验记录的书写有以下要求：

(1) 实验原始记录须记载于正式实验记录本上，实验记录本应按页码装订，须有连续页码编号，不得缺页或添补。

(2) 实验记录本首页一般作为目录页，可在实验开始后陆续填写，或在实验结束时统一填写。

(3) 每次实验须按年、月、日顺序在实验记录本相关页码右上角或左上角记录实验日期和时间，也可记录实验条件，如天气、温度、湿度等。

(4) 字迹工整，采用专业的实验术语、计量单位及外文符号，英文缩写第一次出现时，须注明全称及相应中文。使用蓝色或黑色钢笔、碳素笔记录。不得使用铅笔或易褪色的笔记录。

(5) 实验记录需修改时，采用画线方式去掉原书写内容，避免随意涂抹或完全抹黑。若必须改动时，在原记录上画一条斜线，注明修改的理由，更改的时间、内容、人员，确保能看清原来的记录。切记不可在原内容上涂描修改。

书写实验记录要遵循以下原则：

(1) 实验记录的及时性。实验过程发生的实验现象和数据应及时写在实验记录中，不要随手写在纸条上，以免数据丢失或誊写错误，更不能写回忆录。

(2) 实验记录的完整性。实验记录应记录一切与实验有关的信息，如实验室的温度、湿度、设备型号、实验数据、出现的现象等，避免因记录不详细而在对实验结果(尤其是异常结果)进行分析时出现困难。

(3) 实验记录的客观性。看到什么、做了什么都要如实记录,无论实验成功与否都应当记录下来,不做主观取舍。对于书写时造成的漏页、补充内容等应如实说明理由。

2.2.2　实验室安全

化学实验用的试剂多是可燃、易爆、有毒或有腐蚀性的危险品。实验仪器又大多是容易破碎的玻璃仪器,而实验过程中又要用加热、加压等设备,因此稍不注意就可能发生意外事故。教师和学生都必须树立牢固的安全操作观念,用严肃认真的态度对待实验。教师和学生要熟悉所用仪器和试剂的性质,严格遵守安全守则和实验操作规则,防止事故的发生,一旦出现意外事故,应采取正确的措施。

1. 防火

实验室中因化学药品引起的火灾一般有以下两种情况:①化学药品的混合接触引起火灾;②氧化性盐类和强酸混合接触等。

实验过程中应采取以下安全措施:

(1) 科学、严格地管理化学药品,不给各类物质混合接触的机会。

(2) 实验室内严禁吸烟,使用一切加热工具均应严格遵守操作规程,离开实验室前应检查是否关上自来水并切断电源。

(3) 每 20 m^2 房间面积放置一个消防箱,内有干粉灭火器和二氧化碳灭火器各一个。

2. 防毒

毒物进入人体有三条途径,即皮肤、消化道和呼吸道,实验室防毒主要措施是加强个人防护,如:

(1) 绝对不允许口尝鉴定试剂和未知物。

(2) 不允许直接用鼻子嗅气味,应用手扇闻少量气体。

(3) 一切有可能产生毒性蒸气的工作必须在通风橱中进行,并有良好的排风设备。

(4) 从事有毒工作时必须穿防护服、戴防毒面具和防护手套,处理完毕后方能离开。

(5) 如果在房间内,嗅到有煤气味,应立即开窗通风,千万不要打开任何电源,以免电火花引起煤气爆炸燃烧。

3. 防爆

实验室中能引起爆炸的物品很多，某些强氧化剂如硝酸盐、氯酸盐、过氧化物等一旦遇上有机物、易燃性物质、还原剂或发生强烈摩擦、撞击等，即发生强烈爆炸。还有许多可燃性气体，如氢气、甲烷等一旦与空气混合，达到其爆炸极限时，遇火即发生爆炸。一般情况下，燃烧和爆炸往往同时发生，有时先着火后爆炸，有时先爆炸后引起火灾，因此二者的预防措施类同。

4. 防护与急救

化学药品按毒性分为以下三种：

(1) 腐蚀性毒物，如强酸、强碱和液溴等，能腐蚀或烧伤皮肤，误服造成唇、口、喉、胃烫伤，灼痛严重时可发生虚脱而死亡。

(2) 刺激性毒物，如汞、铅、铵盐、砷、磷等化合物，能使蛋白质沉淀，误服可致人死亡。

(3) 神经性毒物如氰化物和氢氰酸等，能阻碍人体正常的氧化作用，造成窒息而死亡。另外，还有一些经常接触和使用的药品，平时往往忽略它们的毒性，如氯化钡、碳酸钡、汞及其化合物、硫酸铜、硝酸银、硝酸钴等。

因此，要防止中毒事故的发生，首先要高度重视防毒工作，并采用必要的预防措施。例如，实验室须有良好的通风设备，准备室一定要有可供使用的通风橱，实验室配置全套个人防护用品，如防毒面具、防护手套、防护服等，不能在实验室内做饭或进餐，更不能用使用过的仪器作餐具。

实验完毕要洗手消毒，注意不能用热水洗手，防止皮肤上的毛孔张开而使毒物渗入。有毒废液要倒进指定容器内，经处理后才能弃去。皮肤上有伤口时应专门包扎后再进行实验，以免毒物经伤口侵入体内。一旦发生中毒，一定要沉着冷静，尽快通知医生，同时根据具体情况采取相应的应急措施。

(1) 误服各种毒物后，最常用的解毒方法是让中毒者先服用牛奶、蛋清、面粉水、肥皂水等，将毒物冲淡，随后用手刺激喉部引起呕吐，注意若为磷中毒，千万不可喝牛奶，可将 5～10 mL 硫酸铜溶液用温水调服。另外，若误服少量强酸液，可服镁乳、石灰水、氢氧化铅或肥皂水解毒；误服少量强碱时，可服醋、柠檬水或橘子汁解毒；若误服少量硝酸银溶液，可服氯化钠溶液解毒。

(2) 吸入有毒气体时，应立即将中毒者移至空气新鲜的地方。

(3) 若不慎将有毒物质落到皮肤上，应立即用药棉或纱布擦掉，并用自来水冲洗或用相应的解毒剂冲洗。若毒物溅入眼睛，应在冲洗后，立即请医生治疗。

2.3 实验室"三废"处理

随着我国科研事业的发展，化学实验室的数量和规模有增无减。相应地，实验室的废物排放也日益增多。由于实验室的废弃物种类多样，浓度较高，且成分稳定度偏低，大多具有易燃性、腐蚀性、反应性、毒害性，有的甚至可以致病致癌，随意排放不仅会对环境造成严重的污染，还会损害人体健康。反之，若是运用一定的方法将其回收利用，既可以节约资源，还能保护环境。因此，处理化学实验过程中产生的废弃物是一项重大课题，需要引起足够的重视。当前我国已颁布了《固体废弃物污染环境防治法》《危险废弃物贮存污染控制标准》《危险化学品安全管理条例》等法律法规。妥善处理实验室"三废"既是出于保护自然和人的意愿，也是法律法规要求，刻不容缓。

2.3.1 "三废"处理原则

"三废"是废气、废水、固体废弃物的总称。废弃物的一般处理原则为：分类收集、存放，分别集中处理。尽可能采用废物回收以及固化、焚烧处理。在实际工作中选择合适的方法进行检测，尽可能减少废物量、减少污染。废弃物排放应符合国家有关环境排放标准。实验室排污主要是废水、废气、废渣，由于其排污比较分散，排污量小，而且成分复杂，一般不采用工业化的处理方法。根据排污特点和国家环境保护有关规定特制定化学实验室的"三废"处理措施。

在证明废弃物已相当稀少且安全时，可以排放到大气或排水沟中。尽量浓缩废液，使其体积变小，放在安全处隔离储存，利用蒸馏、过滤、吸附等方法，将危险物分离，只弃去安全部分。无论液体或固体，凡能安全燃烧的则燃烧，但数量不宜太大，燃烧时切勿残留有害气体或烧余物。若不能焚烧时，要选择安全场所填埋，不使其裸露在地面上。

一般有毒气体可通过通风橱或通风管道，经空气稀释后排放，大量的有毒气体必须经过与氧气充分燃烧或吸附处理后才能排放。

废液应根据其化学特性选择合适的容器和存放地点，通过密闭容器存放，不可混合储存，避光、远离热源，标明废物种类、储存时间，定期处理。

实验中出现的固体废弃物不能随便乱放，否则会埋下发生事故的隐患。例如，能放出有毒气体或能自燃的危险废料不能丢进废品箱内和排进废水管道中；不溶于水的废弃化学药品禁止丢进废水管道中，必须将其在适当的地方烧掉或用化学方法处理成无害物；碎玻璃和其他有棱角的锐利废料不能丢进废纸篓内，要收集于特殊废品箱内处理。

2.3.2 "三废"处理方法

1. 废气的处理

(1) 可能产生毒害性较小的气体的实验在通风橱内操作，废气通过排气管道稀释排放到高空大气中。

(2) 产生的毒气量大时必须经过吸收处理，然后才能排出。例如，碱性气体(如 NH_3)用回收的废酸进行吸收，酸性气体(如 SO_2、NO_2、H_2S 等)用回收的废碱进行吸收处理。另外，在水或其他溶剂中溶解度特别大或比较大的气体，只要找到合适的溶剂，就可以将它们完全或大部分溶解。

(3) 某些数量较少、浓度较高的有毒有机物可在燃烧炉中供给充分的氧气使其完全燃烧，生成二氧化碳和水。

2. 废液的储存与处理

1) 废液的储存

(1) 根据废液的性质选择合适的容器和存放点。

(2) 废液应用密闭容器储存，禁止混合储存，以免发生剧烈化学反应而造成事故。容器应防渗漏，防止挥发性气体逸出而污染环境。剧毒、易燃、易爆高危废弃物的储存应按相应规定处理。废液应避光，远离热源，以免加速化学反应。

(3) 储存容器必须贴上标签，标明种类、储存时间，存放时间不宜太长，请有资质的单位进行处理。

2) 无机废液的处理

(1) 含无机酸、碱废液的处理：无机酸、碱废液通常含有 HCl、HNO_3、H_2SO_4、NaOH、KOH、Na_2CO_3 等，不可以排放，否则会使水中的 pH 降低或升高。水的 pH 小于 6.0 或大于 9.0 时，水中的生物生长会受到抑制，致使水体自净化能力受到阻碍，使生物物种变异及鱼类减少甚至死亡。水的 pH 过低，还会对管道设施造成腐蚀。对于无机酸、碱类废液，当浓度较低时，可用大量水清洗，当浓度稀释至 1%以下后，即可直接从下水道排放。当浓度较高时，原则上将它们分别收集储存，在确定酸、碱废液互相混合没有危险后，可将其互相混合，需分次少量地将其中一种废液加入另一种废液中，使混合后溶液的 pH 为 6.0～9.0。然后用清水稀释，使溶液的浓度降到 5%以下，达到 GB 8978—1996 污水排放标准，这样既处理了废液，又做到了以废治废，降低了处理费用。

(2) 含氧化剂、还原剂废液的处理：对氧化剂、还原剂废液的处理常采用氧化还原法。对氧化剂、还原剂应分别收集，查明废液的特性，将一种废液分次少量加入另一种废液中。但一些能反应产生有毒物质的废液不能随意混合，如强氧化剂与盐酸、硫化物、易燃物，硝酸盐和硫酸，有机物和过氧化物，磷和强碱(产生

PH₃), 亚硝酸盐和强酸(产生 HNO_2), $KMnO_4$、$KClO_3$ 等不能与浓盐酸混合,挥发性酸和不挥发性酸等。

(3) 含氰化物废液的处理:①化学氧化法:用氢氧化钠溶液调至 pH 10 以上,再加入 3%的高锰酸钾使 CN⁻氧化分解。CN⁻含量高的废液可用碱性氯化法处理。即先用碱调至 pH 大于 10,再加入漂白粉(次氯酸钠),使 CN⁻氧化成氰酸盐,并进一步分解为二氧化碳和氮气。②硫酸亚铁法:在含氰化物的废液中加入硫酸亚铁溶液, CN⁻与 Fe^{2+} 形成毒性小的$[Fe(CN)_6]^{4-}$配离子,该离子可与 Fe^{3+}(由 $FeSO_4$氧化而来)形成 $Fe_4[Fe(CN)_6]_3$ 蓝色沉淀而分离除去。③活性炭催化氧化法:在活性炭存在下将空气通入含氰化物的废液中,利用空气中的氧将氰化物氧化为氰酸盐,氰酸盐随即水解为无毒物。

(4) 含汞盐废液的处理:①硫化物共沉淀法:先将含汞盐的废液调至 pH 为 8~10,然后加入过量硫化钠,使其生成硫化汞沉淀,再加入共沉淀剂硫酸亚铁,生成的硫化铁将水中的悬浮物硫化汞微粒吸附而共沉淀,静置后分离,再离心过滤,清液中的含汞量降到 0.02 mg/L 以下,可直接排放。少量残渣可埋于地下,大量残渣用焙烧法回收汞或再制成汞盐。但需注意,一定要在通风橱内进行。②还原法:用铜屑、铁屑、锌粒、硼氢化钠等作还原剂,可以直接回收金属汞。

(5) 含铬废液的处理:①高锰酸钾氧化法:若废液中含量较大的是废铬酸洗液,可用高锰酸钾氧化法使其再生,继续使用。方法是:先在 110~130℃下不断搅拌加热浓缩,除去水分后,冷却至室温,缓慢加入高锰酸钾粉末,每 1000 mL 中加入 10 g 左右,直至溶液呈深褐色或微紫色(注意不要加过量),边加边搅拌,然后直接加热至有三氧化硫出现,停止加热。稍冷,通过玻璃砂芯漏斗过滤,除去沉淀,冷却后析出红色三氧化铬沉淀,再加适量硫酸使其溶解即可使用。少量的洗液可加入废碱液或石灰使其生成氢氧化铬沉淀,将废渣埋于地下。②向含 Cr(Ⅵ)废液中加入还原剂,如硫酸亚铁、亚硫酸钠、铁屑,在酸性条件下将六价铬还原成三价铬,然后加入碱,如氢氧化钠、氢氧化钙、碳酸钠等,使三价铬形成 $Cr(OH)_3$沉淀,清液可排放,沉淀干燥后可用焙烧法处理,使其与煤渣一起焙烧,处理后可填埋。③钡盐法:向含 Cr(Ⅵ)的酸性废液中加入碳酸钡或氯化钡,使 Cr(Ⅵ)转变为铬酸钡沉淀而分离除去。④离子交换法:对 Cr(Ⅵ)可用强碱性阴离子交换树脂吸附处理,对 Cr(Ⅲ)可用阳离子交换树脂吸附处理,此法对含铬浓度较低的废液也很有效。

(6) 含砷废液的处理:①氧化钙脱砷法:加入氧化钙,调节 pH 为 8,生成砷酸钙和亚砷酸钙沉淀。或调节 pH 为 10 以上,加入硫化钠与砷反应,生成难溶、低毒的硫化物沉淀。②铁盐脱砷法:在含砷废液中加入 $FeCl_3$,使 Fe/As 比达到 50,然后用消石灰将废液的 pH 控制在 8~10。利用新生氢氧化物和砷的化合物共沉淀的吸附作用除去废液中的砷。放置一夜,分离沉淀,达标后,排放废液。③镁盐脱砷法：在含砷废液中加入镁盐(如 $MgCl_2$)，调节 pH 为 9.5～10.5，生成氢氧化镁沉淀，利用新生成的氢氧化镁和砷化合物的沉淀吸附作用，搅拌，放置一夜，分离沉淀，排放废液。④石灰法：在含砷的废液中加入消石灰，使其生成亚砷酸钙沉淀而分离除去。⑤硫化物沉淀法：在含砷的酸性废液中通入 H_2S 气体或加入 NaHS 溶液使其生成 As_2S_3 沉淀，分离沉淀，排放废液。⑥吸附法：用活性炭、活性矾土吸附处理。

(7) 含铅废液的处理：①铝盐脱铅法：在含铅废液中加入消石灰，调节至 pH>11，使废液中的铅生成 $Pb(OH)_2$ 沉淀。然后加入 $Al_2(SO_4)_3$(凝聚剂)，将 pH 降至 7～8，则 $Pb(OH)_2$ 与 $Al(OH)_3$ 共沉淀，分离沉淀，达标后，排放废液。②硫化物沉淀法：在含铅废液中加入 Na_2S 或通入 H_2S 气体，使废液中铅生成 PbS 沉淀而分离除去。

(8) 含镉废液的处理：①氢氧化物沉淀法：在含镉的废液中加入石灰，调节 pH 至 10.5 以上，充分搅拌后放置，使镉离子变为难溶的 $Cd(OH)_2$ 沉淀。加入硫酸亚铁作为共沉淀剂，分离沉淀，用双硫腙分光光度法检测滤液中的 Cd 离子后(降至 0.1 mg/L 以下)，将滤液中和至 pH 约为 7，然后排放。②离子交换法：利用 Cd^{2+} 比水中其他离子与阳离子交换树脂有更强的结合力，优先交换。③硫化物沉淀法：在含镉废液中加入可溶性硫化物，使 Cd^{2+} 形成 CdS 沉淀，分离沉淀，检测滤液中无镉离子时，即可排放。

(9) 含钡废液的处理：向含钡的废液中加入硫酸镁、硫酸钠或稀硫酸，充分搅拌使 Ba^{2+} 转化为难溶于水的 $BaSO_4$ 沉淀，分离沉淀，检测滤液中无 Ba^{2+} 后即可排放。

(10) 含银废液的处理：测定 Cl^- 浓度采用的是银量法，实验结束后，就会产生含银盐废液，这种物质任意倾倒会对环境造成很大危害。化学实验中对含银废液的处理常使用金属离子置换法，其具体方法如下：用金属 Fe 将 Ag^+ 置换为金属 Ag 而分离除去。

3) 有机废液的处理

有机类实验废液应尽量回收溶剂，在对实验没有妨碍的情况下，可反复使用。为了方便处理，其收集分类往往分为：①可燃性物质；②难燃性物质；③含水废液；④固体物质等。可溶于水的物质容易成为水溶液流失，因此回收时要加以注意。

(1) 含重金属废液的处理：将其有机质分解后，作为无机类废液进行处理。最有效和最经济的方法是加碱或加 Na_2S 将重金属离子变成难溶性的氢氧化物或硫化物沉积下来，从而过滤、分离，少量残渣可埋于地下。

(2) 含甲醇、乙醇、乙酸等可溶性溶剂废液的处理：能被细菌作用而易于分解，故这类溶剂的稀溶液经大量水稀释后，即可排放。

(3) 含酚废液的处理：①低浓度的含酚废液可加入次氯酸钠或漂白粉煮一下，使酚分解为二氧化碳和水；高浓度的含酚废液可通过乙酸丁酯萃取，再加少量的氢氧化钠溶液反萃取，经调节 pH 后进行蒸馏回收。处理后的废液排放。②利用二氧化氯(ClO_2，强氧化消毒剂)水溶液对酚废液进行处理，不仅方便、安全，操作也十分简单。直接将其按一定量加入酚废水中，搅拌均匀，维持一定的处理时间，即可达到良好的处理效果，不存在二次污染。

(4) 含乙醚废液的处理：将其置于分液漏斗中，用水洗一次，中和，用 0.5%高锰酸钾洗至紫色不褪，再用水洗，用 0.5%～1%硫酸亚铁铵溶液洗涤，除去过氧化物，再用水洗，用氯化钙干燥、过滤、分馏，收集 33.5～34.5℃馏分。

(5) 含乙酸乙酯废液的处理：先用水洗几次，再用硫代硫酸钠稀溶液洗几次，使之褪色，再用水洗几次，蒸馏，用无水碳酸钾脱水，放置几天，过滤后蒸馏，收集 76～77℃馏分。

(6) 含三氯甲烷(氯仿)废液的处理：将三氯甲烷废液依次用水、浓硫酸(三氯甲烷量的 1/10)、水、盐酸羟胺溶液(0.5%，AR)洗涤。用水洗涤两次，将洗好的三氯甲烷用无水氯化钙脱水，放置几天，过滤，蒸馏，蒸馏速度为每秒 1～2 滴，收集沸程为 60～62℃的馏出液，保存于棕色试剂瓶中(不可用橡胶塞)。

(7) 含四氯化碳废液的处理：通过水洗废液再用试剂处理，最后通过蒸馏收集沸点左右馏分，得到可再用的溶剂。若四氯化碳溶液中含碘，处理方法有：①向含四氯化碳的废液(含碘)中加入 Na_2SO_3 溶液，使 I_2 转化为 I^-(检查：用淀粉试纸或淀粉溶液检查是否还存在 I_2)，转移到分液漏斗中，加少量蒸馏水，振荡、静置、分液(用 $AgNO_3$ 溶液检查水样溶液是否有 I^-，若有黄色或白色沉淀，再用水洗涤 CCl_4 溶液)。②向含四氯化碳的废液(含碘)中加入 NaOH 溶液，使 I_2 转化为可溶于水的 NaI 和 NaIO，再转移到分液漏斗中，加少量蒸馏水，振荡、静置、分液。③对四氯化碳废液进行水浴蒸馏，收集馏出液，密闭保存，回收利用。

(8) 含烃类及其含氧衍生物废液的处理：最简单的方法是用活性炭吸附，目前有机污染物最广泛最有效的处理方法是生物降解法、活性污泥法等。

(9) 毒害性的废液需要按照国家相关规定进行处理。

3. 废渣的处理

(1) 对环境无污染、无毒害的固体废弃物，如分析检验产生的一般废渣(如纸屑、木片、碎玻璃、废塑料等)按一般垃圾处理，直接排到实验室垃圾桶。

(2) 易于燃烧的固体有机废物焚烧处理。

(3) 废液处理产生的沉淀以及其他有害固废物转交指定管理人员妥善保管。废液通过集中处理后的固体废弃物应按危险品进行安全处置或统一妥善保管。

实验室中的很多固体废弃物还有再次利用的价值，如废弃的玻璃导管可制成胶头滴管，底部有洞的试管和烧杯组合可作为简易的启普发生器等；而很多化学实验结束后的遗留物可以成为另一些实验的原料，如硫酸铜晶体结晶水含量的测定实验中得到的硫酸铜粉末可用于检验乙醇中是否含水等；含重金属盐的固体残渣对水体和环境会造成污染，要处理(一般变成难溶的氧化物或氢氧化物)后集中掩埋；制取氢气没有反应完的锌粒应清洗干净后储存起来以备以后再利用；实验用剩下的钠、钾、白磷等易燃物，高锰酸钾、氯酸钾、过氧化钠等氧化剂不可随便丢弃，应该妥善保存，防止着火事件的发生。

化学实验室产生的废弃物对环境的危害不容忽视，实验室应将排放物无害化处理作为一项必需的工作。当前已有与各种类型的废弃物相对应的处理方法，只要按照对应的方法执行，可以避免很多排放物造成的危害。这就要求实验室配置专门的处理废弃物的设施和场所，以及实验人员有做好"三废"处理的意识。

第3章 绿色催化剂制备与表征实验

3.1 介孔材料 SBA-15 的制备与表征

一、实验目的

(1) 掌握介孔材料的定义和分类。

(2) 掌握液晶模板机理。

(3) 掌握水热合成釜的使用方法。

(4) 了解介孔材料的常用分析表征方法。

二、实验原理

介孔材料是指一类有序多孔材料。介孔材料是以表面活性剂形成的超分子结构为模板,通过超分子自组装而形成的孔径在 2~50 nm 的一种有序多孔结构材料,是多孔材料中令人瞩目的一个分支。因介孔材料具有规整的结构、较大的比表面积、高热稳定性和水热稳定性、均匀可调的孔径等独特性质,在吸附、催化和分离等化工领域具有广泛的应用前景。

根据化学组成的不同,介孔材料一般可以分为硅基和非硅组成两大类。硅基介孔材料的构成骨架主要是二氧化硅,具有孔径分布窄、制备工艺成熟等优点;非硅介孔材料则是由过渡金属氧化物等非硅材料构成骨架,由于过渡金属可变价态的存在,在氧化催化、电容材料等领域具有独特的优势。

在介孔材料的合成过程中,表面活性剂起到模板和致孔剂的作用。常用的表面活性剂有聚环氧乙烷-聚环氧丙烷-聚环氧乙烷三嵌段共聚物(P123)、十六烷基三甲基溴化铵(CTAB)、十二烷基三甲基溴化铵(DTAB)、十二烷基硫酸钠(SDS)等。根据表面活性剂种类不同,可将介孔材料分为 SBA 系列(由于是美国加利福尼亚大学圣芭芭拉分校的研究人员首次合成故得此名)、MCM 系列、MSU 系列等。SBA 系列中的 SBA-15 是以 P123 为表面活性剂,在酸性条件下合成的二维六方结构材料,具有合成条件温和、表面活性剂易除去、水热稳定性高等优点,应用前景广阔。

关于介孔材料的形成机制,目前已提出了多种理论,其中最具代表性的是液晶模板机理(liquid crystal templating mechanism, LCT):在水溶液中,表面活性剂自发形成疏水端在内、亲水端在外的球形胶束，达到一定浓度后形成棒状胶束，并自发形成有序排列的液晶结构。当硅源物质加入后，硅酸根离子与外部带电的表面活性剂亲水端通过静电作用相结合，附着在有机表面活性剂胶束表面，进而在其表面形成一道"无机墙"，二者共同聚沉。再经水洗、煅烧除去表面活性剂后，留下骨架规则排列的硅酸盐网络，即为介孔材料。图 3-1 中①为该机理的示意图。

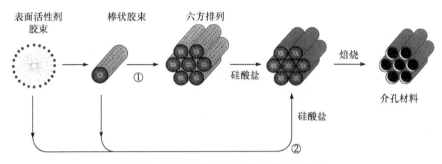

图 3-1　介孔材料形成的液晶模板机理图

在这一模型中，表面活性剂液晶结构的形成还存在另一种可能，即硅源物质的加入导致了棒状胶束的形成，并经自组装进行规则排列，然后与硅源物质结合，如图 3-1 中②所示。

本实验以三嵌段表面活性剂 P123 为模板，以正硅酸乙酯(TEOS)为硅源物质，在酸性条件下制备介孔材料 SBA-15。实验中通过水热合成进行水热晶化，通过煅烧除去表面活性剂，并采用红外(IR)、电子显微镜等仪器对其进行测试与表征。

水热合成是指在密闭耐压容器内的高温(100~1000℃)、高压(1 MPa~1 GPa)条件下的化学反应。在这种亚临界或超临界条件下，水既可以作为传递压力的媒介，又能增加大部分反应物的溶解度，促使反应在固-液相间进行。另外，水热合成可通过改变反应条件和添加"模板剂"等方法控制产物结构，在无机功能材料特别是沸石的合成中得到广泛应用。影响水热合成的主要因素有温度、升温速率、搅拌速度、模板剂等。

三、实验仪器与试剂

实验仪器：磁力加热搅拌器、圆底烧瓶、恒压滴液漏斗、带聚四氟乙烯内衬的反应釜、布氏漏斗、抽滤瓶、分析天平、研钵、马弗炉、坩埚。

实验试剂：P123、TEOS、超纯水、浓盐酸、乙醇。

四、实验步骤

(1) 称取模板剂 P123(M_w = 5800)1.0 g 于 100 mL 圆底烧瓶中，加入 40.0 mL HCl 溶液(2 mol/L)，室温下搅拌使 P123 充分溶解。

(2) 室温下剧烈搅拌(1500 r/min)，一次性加入硅源物质 TEOS 2.1 mL，并搅拌 5 min。然后停止搅拌，静置过夜。

(3) 将反应液转移到带有聚四氟乙烯内衬的反应釜中，在 100℃下水热晶化 48 h。

(4) 将反应产物取出、抽滤，滤饼用水洗涤至中性，再用乙醇洗涤 3～4 次，抽干后转移到坩埚中，在 500℃马弗炉中煅烧 6 h 以除去模板剂，得到 SBA-15。

五、测试与表征

(1) 通过红外分析检测材料中是否含有模板剂 P123 的官能团吸收峰。

(2) 通过热重分析(thermogravimetric analysis，TGA)研究合成的 SBA-15 在煅烧温度(500℃)下的质量变化，了解材料的热分解行为。

(3) 通过扫描电子显微镜(scanning electron microscope，SEM)观察制备的 SBA-15 材料的形貌。

(4) 通过透射电子显微镜(transmission electron microscope，TEM)观察 SBA-15 的孔道结构。

六、注意事项

(1) 取用浓盐酸时需要注意防护，滴加浓盐酸必须在通风橱中进行，防止盐酸气体逸出危害健康。

(2) TEOS 易燃且对皮肤和眼睛有腐蚀性，取用时应注意防护。

(3) TEOS 的加入也可采用另一种方法：在室温和 300 r/min 的速度搅拌下，滴加 TEOS，并搅拌过夜至溶液呈乳白色黏稠状。

(4) SBA-15 也可采用微波加热方法制备，以缩短反应时间。具体操作如下：室温下在 80 mL 聚四氟乙烯微波反应釜中，加入 1.0 g P123、30 mL 2mol/L HCl 和 7 mL 水，搅拌使其完全溶解；室温和剧烈搅拌下一次性加入 2.1 mL TEOS，将反应釜密闭后，微波加热至 40℃并搅拌 2 h，然后停止搅拌，迅速升温至 180℃ (5～10 min)加热 1 h；停止加热并冷却至室温后，打开反应釜，抽滤、洗涤后将滤饼转移到马弗炉，在 500℃煅烧 6 h，得到介孔材料 SBA-15。

(5) 使用水热合成釜和微波反应仪时需按照操作规程，液体加入量不能超过釜体积的 1/2。使用过程中避免烫伤。

(6) 得到的最终产品 SBA-15 是轻质粉末，需在通风橱中进行研磨，并佩戴口罩。

七、思考题

(1) 描述介孔材料的两种形成机理，并比较它们的异同。

(2) 形成胶束的形状与哪些因素有关?

(3) 水热晶化后,分别用乙醇和超纯水处理沉淀的目的是什么?

3.2　磺酸型离子液体的制备与表征

一、实验目的

(1) 掌握离子液体的定义和分类。

(2) 了解磺酸型离子液体的制备过程。

(3) 掌握两相分离操作和精制除杂的方法。

二、实验原理

离子液体具有较好的热稳定性、低蒸气压、对有机物和无机物都具有良好的溶解性及易于回收等特性。本实验中的磺酸型离子液体在上述特性的基础上,引入磺酸基团,使其具有催化性能,在合成过程中可替代磷酸、硫酸等无机酸催化过程,是绿色、环境友好的新型催化材料。

以 *N*-甲基咪唑和 1,3-丙磺酸内酯为原料,在室温条件下,1,3-丙磺酸内酯发生水解后,与咪唑发生缩合,制备磺酸型离子液体。

三、实验仪器与试剂

实验仪器:磁力搅拌器、250 mL 三口烧瓶、量筒、磁力搅拌子、500 mL 烧杯、抽滤瓶、布氏漏斗、真空干燥箱。

实验试剂:*N*-甲基咪唑、1,3-丙磺酸内酯、丙酮、乙醇、浓硫酸、乙酸乙酯。

四、实验步骤

(1) 室温下,向 250 mL 三口烧瓶中加入 5.00 g(61 mmol)*N*-甲基咪唑和 7.45 g (61 mmol)1,3-丙磺酸内酯,加入 75 mL 丙酮,在室温下剧烈搅拌,保持 17 h 后停止搅拌。将烧瓶中白色浑浊液进行抽滤,得到白色固体。

(2) 将此白色固体再次用丙酮、乙醇洗涤、过滤,得到白色粉末,将其置于真空干燥箱于 80℃下干燥 4 h,取出称量。然后用等物质的量的浓硫酸在 80℃下酸化 6 h，得到有一定黏度的透明溶液。所得溶液再用适量乙酸乙酯洗涤三次，然后将其置于真空干燥箱于 80℃下干燥 4 h，即得产物磺酸型离子液体。

五、测试与表征

(1) 通过核磁共振氢谱(^{1}H NMR)和傅里叶变换红外光谱(FTIR)对磺酸型离子液体的化学结构进行确认。

(2) 在酸性离子液体中加入碱性指示剂后可发生中和反应，导致质子化的指示剂没有紫外吸收。因此，通过测定离子液体紫外吸收的变化值，再利用哈米特(Hammett)方程计算离子液体酸度的大小。

六、注意事项

(1) 反应过程中，N-甲基咪唑和 1,3-丙磺酸内酯是以物质的量比 1：1 加入的。

(2) 以咪唑为基础合成的纯净的离子液体的颜色应当是无色的，但实际合成的常显浅黄色，这种变色可能是离子液体中含有杂质的缘故。

(3) 空气中的水蒸气也会使大多数离子液体产生杂质，因此最好在惰性气体保护下反应。

七、思考题

(1) 磺酸离子液体制备的基本原理是什么？
(2) 表征后如何分析 ^{1}H NMR 和 FTIR 谱图？
(3) 离子液体的黏度与其官能团结构有什么关系？

3.3　固体酸的制备及其催化合成季戊四醇双缩苯甲醛性能评价

一、实验目的

(1) 了解季戊四醇双缩苯甲醛的制备原理和方法。
(2) 掌握固体酸的制备方法及应用。

二、实验原理

季戊四醇双缩醛化合物在工业和有机合成中应用广泛。在工业上常作为增塑剂、抗氧剂、杀虫剂和表面活性剂的消泡剂；在有机合成中用来合成生理活性的物质和作为醛的保护基团。季戊四醇双缩醛的合成通常在酸性条件下(如盐酸、硫酸等)进行。但以上方法存在腐蚀设备、污染环境、反应时间长等缺点。近年来，以分子筛、蒙脱土、杂多酸、对甲苯磺酸、可膨胀石墨、Y 沸石等为催化剂的新方法取得了较好的效果，但仍采用毒性较大的苯或甲苯为溶剂，在分水条件下进行反应。

本实验采用硫酸钛经 450℃高温焙烧制得固体酸催化剂 $TiOSO_4$，催化苯甲醛和季戊四醇反应，在分水条件下合成季戊四醇双缩苯甲醛，产品熔点 156~157℃。该催化剂可回收重复使用，反应方程式如下：

三、实验仪器与试剂

实验仪器：马弗炉、坩埚、磁力加热搅拌器、旋转蒸发仪、磨口三角瓶、分水器、回流冷凝管、熔点仪。

实验试剂：季戊四醇、苯甲醛、硫酸钛、环己烷、乙醇、二氯甲烷、去离子水、无水硫酸镁。

四、实验步骤

(1) 催化剂的制备：用坩埚装一定量研细后的 $Ti(SO_4)_2$，放入马弗炉中，于 450℃下焙烧 3 h，取出冷却并研磨成粉末，过 100 目筛，得淡黄色粉末状固体，即为 $TiOSO_4$ 催化剂，在干燥条件下保存，备用。

(2) 称量 2.72 g(20 mmol)季戊四醇、5.31 g(50 mmol)苯甲醛、0.16 g(1 mmol)制备好的 $TiOSO_4$、10 mL 环己烷，加入有分水器、回流冷凝管的反应瓶中，并加入少量纯水(重复使用催化剂时无需加水)。

(3) 开启磁力加热搅拌器，加热回流 2.5 h，至无水分馏出为止。

(4) 冷却后使用旋转蒸发仪除去带水剂，加入适量二氯甲烷，搅拌使产物充分溶解，滤除未反应的季戊四醇及催化剂。

(5) 滤渣用二氯甲烷洗涤，合并滤液，用无水硫酸镁干燥后再用旋转蒸发仪蒸除二氯甲烷及残余的带水剂，得粗产物。

(6) 粗产物用无水乙醇重结晶，得白色片状晶体即为产品。

(7) 称量、计算产率，测定熔点。

(8) 滤渣进一步用热乙醇洗涤，回收催化剂待用。

五、测试与表征

(1) 通过 ^1H NMR 和 FTIR 对产物季戊四醇双缩醛的化学结构进行确认。

(2) 通过 SEM 观察制备的固体酸催化剂 $TiOSO_4$ 的形貌。

六、注意事项

(1) 用甲苯作带水剂时产率最高，但由于甲苯与水形成的共沸物共沸点比较高，反应过程中会出现碳化现象，在催化剂重复利用过程中，碳化现象会越来越严重，所以不宜选用。用苯和环己烷作带水剂时，反应产率相差不大，但是苯的毒性比环己烷大，故选择环己烷作带水剂。

(2) 每次回收的催化剂不经活化可直接用于下次反应。但随着重复使用次数的增加，产率随之略有下降，这是因为在重复使用时，催化剂或多或少有所损失。

七、思考题

(1) 实验步骤(2)中加入少量纯水的目的是什么？

(2) 后处理过程中，滤渣分别用二氯甲烷、热乙醇洗涤，各步洗涤的目的是什么？

3.4　碱性离子液体氢氧化 1-乙基-3-甲基咪唑的制备与表征

一、实验目的

(1) 掌握离子液体的定义和分类。

(2) 了解碱性离子液体的制备过程。

(3) 掌握离子液体的表征方法，如 FTIR、NMR 等。

二、实验原理

离子液体是指由有机阳离子和阴离子构成的室温下或者室温附近呈现为液态的盐。离子液体具有独特的性能，如几乎无蒸气压、液态温域宽、良好的溶解性能和分子具有极大的可设计性，成为近年来的研究热点。碱性离子液体是通过对离子液体进行设计，在分子内引入碱性官能团，并与离子液体的性质相结合，既具有碱性基团的催化性能，又保持了离子液体的特性。

以 N-甲基咪唑和溴乙烷为原料，在室温条件下，两者发生缩合，利用氢氧根离子进行置换制备碱性离子液体。

三、实验仪器与试剂

实验仪器：磁力搅拌器、100 mL 四口圆底烧瓶、量筒、磁力搅拌子、抽滤瓶、布氏漏斗、旋转蒸发仪、真空干燥箱。

实验试剂：N-甲基咪唑、溴乙烷、氢氧化钾、甲醇、乙酸乙酯。

四、实验步骤

(1) 将 8.21 g(10 mmol)N-甲基咪唑与稍过量的 13.08 g(12 mmol)溴乙烷加入 100 mL 的四口圆底烧瓶中，在室温下剧烈搅拌 12 h，布氏漏斗抽滤出白色熔盐，用乙酸乙酯多次洗涤除去多余的溴乙烷，再次抽滤，将抽滤后的白色熔盐减压蒸馏，60℃真空干燥 12 h，即得到较纯净的白色固体。

(2) 将新制备的白色固体与氢氧化钾按照物质的量比 1：1 置于装有 20 mL 甲醇的 100 mL 四口圆底烧瓶中，在室温下剧烈搅拌 12 h，抽滤去除无机盐 KBr，将滤液减压旋蒸提纯，70℃下真空干燥 6 h，即得到较纯净的碱性离子液体。

五、测试与表征

(1) 利用 ^{1}H NMR 和 FTIR 对碱性离子液体的化学结构进行确认。

(2) 利用紫外光谱测定碱性离子液体的碱性。碱性离子液体与酸性指示剂硝基苯酚发生中和反应，而形成共轭酸碱对。共轭酸碱对越多，其紫外吸收峰越强，对应的离子液体碱性越强。

六、注意事项

(1) 第一步为卤代烷 RX 与构成离子液体的阳离子单体通过烷基化反应制备出含目标阳离子的卤化物，因此卤代烷需要过量一点，反应会更加彻底。

(2) 卤代烷的反应活性顺序为：RI＞RBr＞RCl，溴乙烷的活性较为适中。

(3) 大多数卤化物离子液体具有很强的吸水性，为了避免空气中的氧和水汽对产物的影响，烷基化反应在惰性气体保护下进行能够提高产品质量和纯度。

七、思考题

(1) 碱性离子液体制备的基本原理是什么？

(2) 表征后如何分析 ^{1}H NMR 和 FTIR 谱图？

(3) 碱性离子液体具有哪些特点？

3.5 辅酶催化的安息香缩合

一、实验目的

(1) 了解酶催化反应的特点。

(2) 掌握维生素 B_1 催化安息香缩合的原理。

二、实验原理

催化剂是能够降低反应活化能，显著改变化学反应速率，而自身在反应前后不发生变化的一类物质。催化剂广泛应用于合成氨、聚乙烯、丁烯橡胶等现代化学工业中。催化剂的种类繁多，不仅包括酸、碱、过渡金属等化学催化剂，也包括酶等生物催化剂。

酶是生物体内产生的具有催化能力的蛋白质、核酸及其复合物。酶催化反应条件温和、高效而且专一，但对温度、酸碱度及能引起蛋白质变性的因素很敏感，容易失活。人类很早就开始在酿酒、发酵等生产实际中利用酶的催化作用。随着科技的发展，人们对酶的本质及其催化功能的认识愈加深入，其地位也更加重要。把酶引入有机合成领域，在生物体外促进天然或人工合成物质的各种转化反应是当今化学化工的研究热点和重要发展方向之一。

按照酶催化的诱导契合理论，酶的催化作用一般分三步进行。第一步，酶的活性部位与底物结合，形成酶-底物复合物；第二步，在酶-底物复合物内进行催化反应，形成酶-产物复合物；第三步，产物离开活性部位，使酶能催化另一分子底物的反应。在这一过程中，酶与底物之间的相互作用力会使二者分别发生一些构象变化，以利于催化反应的发生(图 3-2)。

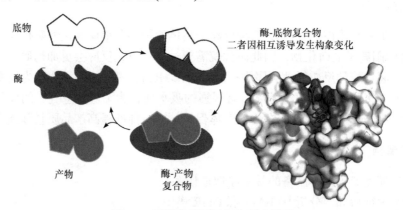

图 3-2 酶催化的诱导契合理论模型

截至目前已发现的酶有 4000 多种。按化学组成可将酶分为单纯酶和结合酶(缀合酶)两大类。单纯酶如脲酶、淀粉酶等，只含有蛋白质，不含其他物质，因此其催化反应由蛋白质结构决定。而结合酶的结构中通常结合一些对热稳定的非蛋白小分子物质或金属离子，对酶的催化活性非常重要。大多数维生素特别是 B 族维生素是组成辅酶或者辅基的成分。

安息香的化学名是 2-羟基-1,2-二苯基乙酮,是一种白色固体,密度为 1.310 g/mL,熔点 137℃,不溶于冷水,微溶于热水,溶于乙醇。它广泛用作感光性树脂的光敏剂,染料中间体和粉末涂料的防缩孔剂,也是抗癫痫等药物合成的中间体。安息香的早期合成用的催化剂是剧毒的氰化物,易对人体造成危害,而且"三废"处理困难。

维生素 B_1 又称硫胺素(thiamine),是一种辅酶,其结构中含有嘧啶环和噻唑环(图 3-3),其中噻唑环 C-2 上的质子受氮原子和硫原子影响,具有明显的酸性。

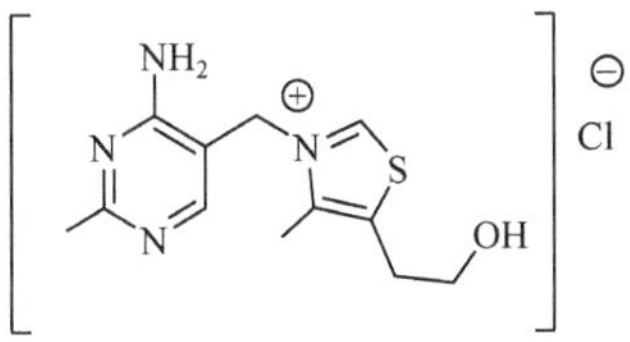

图 3-3　维生素 B_1 的结构

在生化过程中,维生素 B_1 主要对 α-酮酸脱羧和形成 α-羟基酮(偶姻)等三种酶促反应起催化作用。因此,本实验采用它替代氰化物,催化两分子苯甲醛缩合制备安息香,使实验操作安全、污染小。

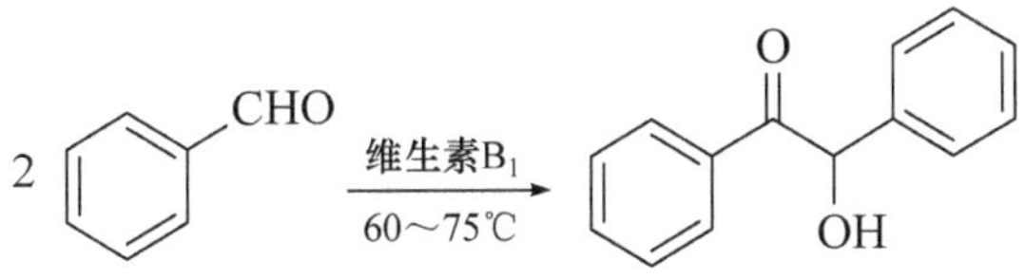

在碱性条件下,维生素 B_1 催化噻唑环 C-2 位失去质子形成碳负离子,进而与邻位带正电荷的氮原子形成稳定的内锜盐或叶立德(ylide)。叶立德与苯甲醛的羰基发生亲核加成,生成中间体烯醇加合物,该烯醇加合物因环上带正电荷的氮原子的电荷调节作用而较为稳定。烯醇加合物再与另一分子苯甲醛形成新的烯醇加合物,最后辅酶解离得到安息香,解离的辅酶则回到催化循环中(图 3-4)。

三、实验仪器与试剂

实验仪器:磁力加热搅拌器、三口烧瓶、试管、熔点仪等。

实验试剂:维生素 B_1、苯甲醛(新蒸)、3 mol/L NaOH、95%乙醇等。

四、实验步骤

(1) 先将配制好的 3 mol/L NaOH 3 mL 放于试管中,在冰浴中预冷却。另将 1.7 g 维生素 B_1 和 4 mL 水混合于配有温度计的三口烧瓶中,搅拌下使其溶解后,加入 15 mL 95%乙醇。在冰浴冷却下,于 5 min 内将预冷的 NaOH 溶液逐滴加入三口烧瓶中。

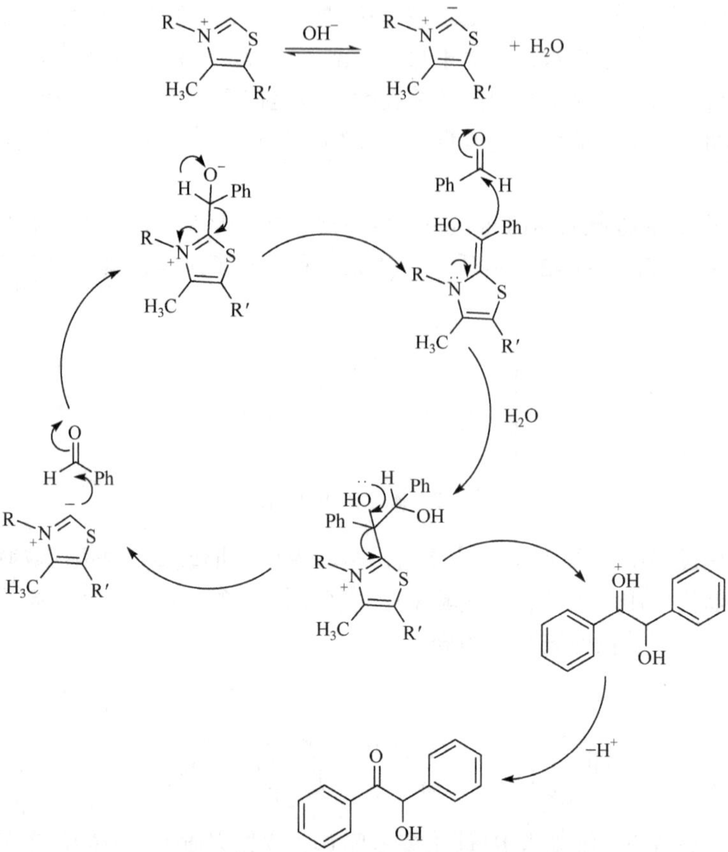

图 3-4　维生素 B_1 催化安息香缩合反应机理

(2) 量取 10 mL 新蒸的苯甲醛，加入到上述反应混合物中，置于 70～80℃水浴上加热。反应过程中需使溶液的 pH 维持在 8～9，并用薄层色谱检测反应进程。待反应结束，将反应混合物用冰浴冷却，使固体产品析出。抽滤并用 50 mL 冷水洗涤得到安息香粗品。

(3) 将上述安息香粗品用 95%乙醇重结晶(每克粗品约用 6 mL 乙醇)、干燥、称量，计算产率并测定熔点。

五、测试与表征

利用 ^1H NMR 和 FTIR 对产物安息香的化学结构进行确认。

六、注意事项

(1) 维生素 B_1 受热导致结构中的噻唑环开环而失活,因此反应前维生素 B_1 溶液及 NaOH 溶液必须预冷。

(2) 维生素 B_1 在水溶液中，易被空气氧化而失效，特别是光照和铜离子、铁离子、锰离子等金属离子的存在可加速氧化。

(3) 苯甲醛也极易被空气中的氧所氧化，建议苯甲醛在使用前重新蒸馏纯化。

(4) 本反应的 pH 太高使维生素 B_1 失活，太低又无法形成所需的碳负离子，因此必须控制在 pH 8～9。

(5) 反应温度过高，维生素 B_1 会失活，因此要控制在 70～80℃。

七、思考题

(1) 酶催化反应与化学催化反应有哪些相同之处与不同之处？

(2) 为什么要在维生素 B_1 中加入 NaOH 溶液？

(3) 为什么加入苯甲醛后，反应混合液 pH 要保持在 9～10？ 如果 pH 过低有什么影响？

3.6 二氧化硅负载的 $NaHSO_4$ 催化剂的制备及其催化的烷基化反应

一、实验目的

(1) 掌握二氧化硅负载 $NaHSO_4$ 固体酸催化剂的制备方法。

(2) 掌握烷基化反应机理及绿色合成方法。

(3) 巩固和提高实验技能，学习产品纯化方法。

二、实验原理

传统的烷基化反应利用三氯化铝等路易斯酸催化反应，后处理过程中，用水处理路易斯酸造成生产废水和污染物排放，不但影响环境保护，而且增加生产成本。绿色生产是可持续发展的需要。将 $NaHSO_4$ 负载于 SiO_2 形成固体酸，可以催化烷基化反应，反应完毕，通过过滤和洗涤回收催化剂，回收的催化剂可以再利用。

这样既省略了反应液的水洗操作，消除了生成废水的排放，又降低了生产成本。二苯甲醇在催化剂作用下转化为碳正离子，碳正离子与苯环发生取代反应生成 C—C 键。

反应式如下：

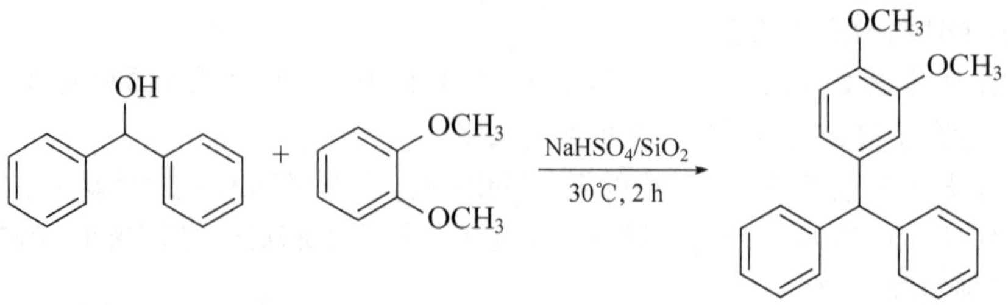

反应机理如下：

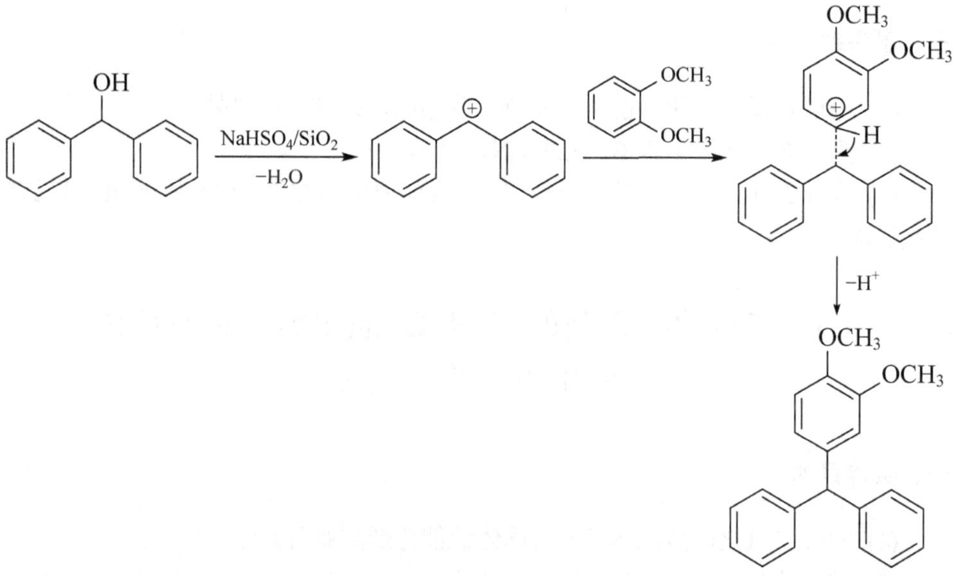

三、实验仪器与试剂

实验仪器：25 mL 圆底烧瓶、烧杯、抽滤瓶、布氏漏斗、色谱柱、滤纸、TLC板、天平、旋转蒸发仪、熔点仪、油浴磁力搅拌器、磁力搅拌子、烘箱、马弗炉、干燥器。

实验试剂：二苯甲醇、邻二甲氧基苯、二氧化硅、硫酸氢钠、1,2-二氯乙烷、石油醚或己烷。

四、实验步骤

(1) 催化剂 $NaHSO_4/SiO_2$ 的制备：将二氧化硅(10.0 g)加入含有 $NaHSO_4$(4.14 g，30 mmol)的去离子水(6 mL)中，室温搅拌 0.5 h。减压除去水后，将白色固体置于马弗炉中，在 400℃下加热 4 h 后，置干燥器中备用。

(2) 烷基化反应：将 $NaHSO_4/SiO_2$(1.0 g)、二苯甲醇(0.74 g，4.0 mmol)、邻二甲氧基苯(0.70 g，5.0 mmol)和 1,2-二氯乙烷(5 mL)加入圆底烧瓶(25 mL)中，再加

入磁力搅拌子，30℃搅拌 2 h 后(或者 50℃搅拌 1 h)，至 TLC 检测反应完全(计算 R_f 值)。过滤除去催化剂(回收)，用 1,2-二氯乙烷(2 mL)洗涤催化剂 2 次，合并有机相，用旋转蒸发仪除去溶剂(50℃)。用石油醚或己烷重结晶纯化产品，也可以用色谱柱纯化产品，得到白色固体产品。

(3) 计算产率，测定产物熔点(111~113℃)。

五、测试与表征

利用红外与核磁共振氢谱、碳谱鉴定产物的分子结构。

六、注意事项

(1) 规范使用旋转蒸发仪，避免出现暴沸等事故。

(2) 在减压过滤时注意滤纸的大小，避免出现过滤物混入滤液。

七、思考题

(1) 反应过程中有水生成，如果除去生成的水，是否有利于反应的进行？

(2) 利用重结晶方法纯化产品，怎样选择溶剂？列出本实验重结晶可以使用的溶剂。

第4章 绿色实验技术实验

4.1 光化学方法制备苯片呐醇

一、实验目的

(1) 了解光化学合成的基本原理和方法。

(2) 掌握光化学还原制备苯片呐醇的反应机理。

二、实验原理

二苯甲酮(benzophenone)：分子量为182.22，沸点为305℃，熔点为49℃，相对密度为1.083，折射率(n_D45.2)为1.5975，不溶于水，溶于乙醇、乙醚和氯仿。二苯甲酮为白色有光泽的菱形结晶，有类似玫瑰香味。工业上主要用作紫外线吸收剂、有机颜料、香料等中间体。

苯片呐醇(benzopinacol)：分子量为366.46，熔点为189℃，易溶于沸腾的乙酸，溶于沸苯，在乙醚、二硫化醚、氯仿中溶解度极大。片呐醇为无色针状结晶，多用于片呐酮、二甲基丁二烯等的合成，也可用于高分子聚合物的制备。

将二苯甲酮溶于一种"质子给予体"的溶剂中，如异丙醇，并在紫外光下照射，会发生光化学还原反应，形成一种不溶性的二聚体——苯片呐醇，反应式如下：

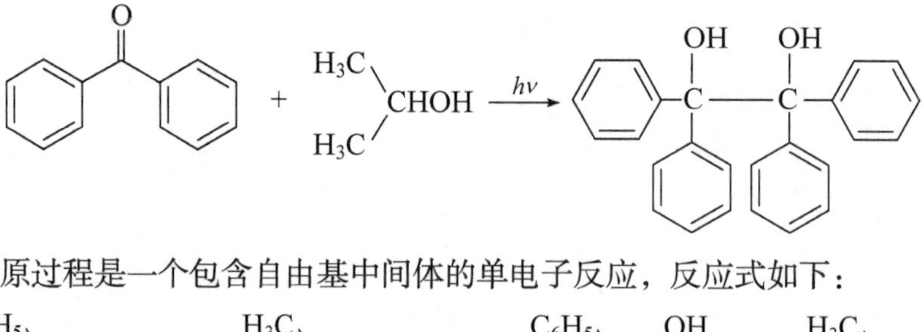

还原过程是一个包含自由基中间体的单电子反应，反应式如下：

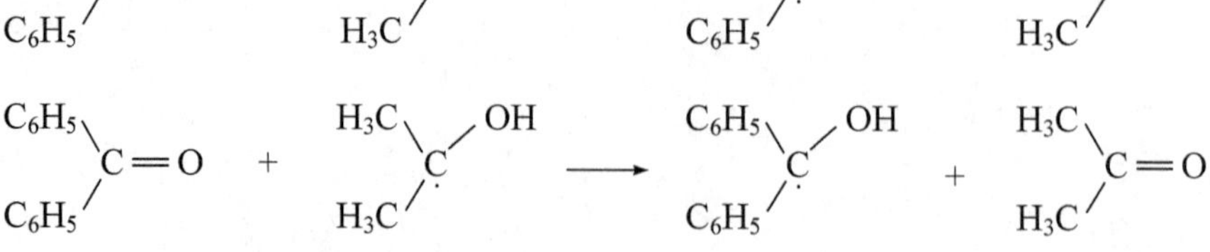

$$2\ \underset{C_6H_5}{\overset{C_6H_5}{\diagdown}}\overset{OH}{\underset{C}{\diagup}} \longrightarrow C_6H_5 \overset{OH}{\underset{C_6H_5}{\rule[-1.2em]{0.6pt}{2.4em}}} \overset{OH}{\underset{C_6H_5}{\rule[-1.2em]{0.6pt}{2.4em}}} C_6H_5$$

苯片呐醇也可由二苯甲酮在镁汞齐或金属镁与碘的混合物(二碘化镁)作用下发生还原反应制备。

$$2\ \underset{C_6H_5}{\overset{C_6H_5}{\diagdown}}C{=}O \xrightarrow{Mg + I_2} \underset{(C_6H_5)HC-O}{\overset{(C_6H_5)HC-O}{\diagdown}}Mg \xrightarrow{H_2O} \underset{(C_6H_5)HC-OH}{\overset{(C_6H_5)HC-OH}{\diagup}}$$

三、实验仪器与试剂

实验仪器：25 mL 圆底烧瓶或大试管、烧杯、磨口塞或橡胶塞、抽滤装置。

实验试剂：二苯甲酮、异丙醇、冰醋酸。

四、实验步骤

(1) 在 25 mL 圆底烧瓶(或大试管)中加入 2.8 g(0.015 mL)二苯甲酮和 20 mL 异丙醇，在水浴中温热使二苯甲酮溶解。

(2) 向上述溶液中加入 1 滴冰醋酸，再用异丙醇将烧瓶充满，用磨口塞或干净的橡胶塞将瓶塞紧，尽可能排出瓶内的空气，必要时可补充少量异丙醇，并用细棉绳将塞子系在瓶颈上扎牢或用橡胶塞将塞子套在瓶底上。将烧瓶倒置在烧杯中，写上自己的名字，放在向阳的窗台或平台上，光照 1~2 周。由于反应生成的苯片呐醇在溶剂中溶解度很小，随着反应的进行，苯片呐醇晶体会从溶液中析出。

(3) 待反应完成后，在冰浴中冷却使其结晶完全。真空抽滤，并用少量异丙醇洗涤晶体。干燥后得到无色晶体，称量并计算产率。

五、测试与表征

(1) 测定产物熔点。

(2) 利用核磁共振氢谱、碳谱鉴定产物的分子结构。

六、注意事项

(1) 光化学反应一般在石英器皿中进行，因为需要透过比普通光波长更短的紫外光的照射，而二苯甲酮激发 n-π* 跃迁所需的照射波长约为 350 nm，这是易透过普通玻璃的波长。

(2) 加入冰醋酸的目的是中和普通玻璃皿中微量的碱，在碱催化下苯片呐醇易分解成二苯甲酮和二苯甲醇，对反应不利。

(3) 二苯甲酮在发生光化学反应时产生自由基,而空气中的氧会消耗自由基,使反应速率减慢。

(4) 反应进行的程度取决于光照情况。如果阳光充足,直射 4 天即可完成反应;如果天气阴冷,则需要一周或更长的时间,但时间长短并不影响反应的最终结果。如果用日光灯照射,反应时间可明显缩短,3～4 天即可完成。

七、思考题

(1) 二苯甲酮和二苯甲醇的混合物在紫外光照射下能否生成苯片呐醇?若能,写出其反应机理。

(2) 写出在氢氧化钠存在下,苯片呐醇分解为二苯甲酮和二苯甲醇的反应机理。

(3) 反应前,如果没有滴加冰醋酸,会对实验结果有什么影响?写出有关反应式。

4.2 超声辅助下制备尼龙-6

一、实验目的

(1) 掌握贝克曼重排反应的机理,了解己内酰胺的合成过程。
(2) 掌握两相萃取分离操作和减压蒸馏操作的方法。
(3) 了解开环聚合和纤维制备基本原理及操作过程。

二、实验原理

聚己内酰胺,工业产品称为尼龙-6(nylon-6),其结构为含酰胺基团(—CONH—)的线形高分子化合物,是一种聚酰胺工程聚合物材料,通常由己内酰胺的开环聚合制备,由于两个酰胺基团之间含有六个碳原子而因此得名。尼龙-6 作为一种聚酰胺材料,与其他聚酰胺相比,具有手感柔软、耐磨、容易染色和加工温度低等特点,广泛应用于电子电器、汽车工业、信息通信、航天军工等领域。近年来尼龙-6 还被研究作为 3D 打印材料。

1. 己内酰胺的制备

经典的合成方法是由环己酮肟在硫酸存在下于 120℃发生贝克曼重排反应,产率为 50%～60%。在超声波作用下,经贝克曼重排,产品产率可达 80%～92%。

2. 尼龙-6 的制备

己内酰胺具有不稳定的七元环结构,因此在高温和催化剂作用下,可以开环聚合成线形高分子。

聚合反应的催化剂除了常用的水外,还有有机酸碱或金属锂等。

三、实验仪器与试剂

实验仪器:超声波清洗器、温度计、500 mL 烧杯、250 mL 三口烧瓶、恒压滴液漏斗、分液漏斗、布氏漏斗、抽滤瓶、250 mL 圆底烧瓶、克氏蒸馏瓶、磁力搅拌器、旋转蒸发仪、封管、聚合炉、锥形瓶。

实验试剂:环己酮肟、98%硫酸、20%氨水、二氯甲烷、无水硫酸镁、活性炭、氮气。

四、实验步骤

1. 己内酰胺的制备

在 250 mL 烧杯中加入 10 g 环己酮肟。冰水浴下,分三次加入 20 mL 98%浓硫酸,控制温度不超过 20℃。将锥形瓶置于超声波清洗器槽中,水浴温度为 55℃,用超声波处理 2.0 h 后,将反应液倒入 250 mL 三口烧瓶中。三口烧瓶装配有磁力搅拌、温度计和恒压滴液漏斗。用冰盐水冷却三口烧瓶,当反应液温度下降到 0～5℃时,从恒压滴液漏斗缓慢滴加 20%氨水。滴加过程中控制温度在 10℃以下,直至溶液 pH 为 8 左右。

用布氏漏斗将反应液抽滤,除去硫酸铵晶体,并用二氯甲烷洗涤晶体上吸附的产品。滤液倒入分液漏斗中,分出有机相,水相用 15 mL 二氯甲烷分 3 次提取。合并有机相,用水洗三次。如果二氯甲烷提取液颜色发黑,可用活性炭脱色。用无水硫酸镁干燥,在水浴中蒸出二氯甲烷。将残余液转移到克氏蒸馏瓶内,用减压蒸馏法提纯。先用水泵减压蒸馏,除去残余的二氯甲烷,然后用油泵减压蒸馏。收集 $127\sim133℃/0.93$ kPa(7 mmHg)、$137\sim140℃/1.60$ kPa(12 mmHg)或 $140\sim144℃/1.87$ kPa(14 mmHg)的馏分，馏出物在接收瓶中固化为白色结晶，即为产物。

2. 尼龙-6 的制备

在一个封管中加入 2 g 己内酰胺，再用滴管加入己内酰胺质量 1%的水。用纯氮气置换封管中的空气后，封闭管口。加上保护套后放入聚合炉，于 250℃加热约 5 h 得到产品。

五、测试与表征

(1) 制备尼龙-6 的反应后期会得到极黏稠的熔融物，趁聚合物还未固化时，迅速用玻璃棒沾一点熔融物拉丝。当形成纤维时再在室温下进行二次拉伸，观察现象并记录。

(2) 利用核磁共振氢谱、碳谱鉴定重排产物的分子结构。

(3) 利用红外光谱检查尼龙-6 中的特征基团吸收。

(4) 利用 TGA 考察尼龙-6 的热分解特性。

六、注意事项

(1) 由于重排反应较为剧烈，故需用大烧杯以利于散热，使反应缓和。

(2) 开始滴加氨水时要缓慢滴加。中和反应温度控制在 10℃以下，避免在较高温度下己内酰胺发生水解。

(3) 己内酰胺为低熔点固体，减压蒸馏时易固化析出堵塞管道。为了防止减压蒸馏时己内酰胺在冷凝管内凝结，可将接收器圆底烧瓶与克氏蒸馏瓶的支管直接相连，省去冷凝管。

(4) 封管使用前必须检查是否存在裂纹，操作时需注意安全。

七、思考题

(1) 为什么用冰盐水冷却三口烧瓶使温度降至 0～5℃时才缓慢滴加氨水？

(2) 重排反应的后处理，用水洗有机相的主要目的是什么？

(3) 如果氨水中和时温度过高，会发生什么反应？如何控制温度？

(4) 制备尼龙-6 时，为什么用氮气置换出封管内的空气？

4.3　基于流动化学的含能单元结构 3,4-二氨基呋咱的合成与表征

一、实验目的

(1) 了解含能材料的发展历程和特点，掌握含能材料研究的基本方法。

(2) 掌握 3,4-二氨基呋咱(DAF)的合成原理和流动化学的基本操作方法。

(3) 掌握波谱分析方法，能正确归属波谱数据。

(4) 掌握流动化学与釜式反应的异同，了解流动化学的优势和影响因素。

二、实验原理

含能材料作为火炸药、推进剂和火工品的高能量组分，被应用于所有的战术武器系统和战略武器系统。含能材料的性能直接决定了武器的射程范围、毁伤能力。现代武器所追求的目标是精确打击、高效毁伤和高的生存能力。要实现这些目标，作为武器系统能量载体的含能材料必须满足高能量密度、低易损和高环境适应性等要求。

迄今，含能材料的研究经历了几个重要的发展阶段：①以 TNT(梯恩梯)，即 2,4,6-三硝基甲苯为代表的早期含能材料，包括苦味酸铵(D 炸药)等含能化合物或混合物被广泛应用到军事领域，在军事战争中发挥了不可替代的作用。TNT 的感度和稳定性好，但是能量水平较低。②以 RDX(黑索金)和 HMX(奥克托今)为代表的硝胺类高能炸药的广泛使用，提高了含能材料的能量水平。伴随着能量水平的提高,其感度也有所升高。③以 CL-20 为代表的高能量密度含能材料和以 TATB(三氨基三硝基苯)为代表的钝感含能材料。目前寻找新型高能量、高密度兼具良好安定性的含能材料以及发展绿色合成工艺和技术已成为研究重点。

呋咱类化合物是氮杂环含能材料的一种，在这类化合物中，3,4-二氨基呋咱是构建高能含氮杂环化合物的基本单元：

3,4-二硝基氧化呋咱(DNFX)　　　3,4-二氨基呋咱(DAF)　　　3,3'-二氨基-4,4'-氧化偶氮呋咱(DAAF)
密度: 1.93 g/cm³　　　　　　　　　　　　　　　　　　　密度: 2.02 g/cm³
爆速: 8930 m/s　　　　　　　　　　　　　　　　　　　爆速: 10000 m/s

目前，制备 3,4-二氨基呋咱的主要方法是由乙二醛与盐酸羟胺脱水缩合，其中第二步反应需要在高温高压下进行：

流动化学是一种在连续流动的流体中进行的化学反应或过程。随着科技的发展，流动化学与微反应器、微流控、人工智能等新兴技术相结合，展现出小型化、智能化的独特魅力。与传统的间歇式化学反应相比，流动化学能更好地控制反应温度、停留时间等参数，从而提高产品质量。模块化的装置可简化操作流程，较小的挂液体积减少了原料和试剂的用量，更加安全环保。近年来，流动化学已逐渐走出实验室，在制药、精细化工等领域的应用越来越广。

本实验基于流动化学技术，在微通道反应器中经一步反应制备含能单元 3,4-二氨基呋咱，并对其热性能、摩擦感度和撞击感度进行表征。

三、实验仪器与试剂

实验仪器：自制微反应器、精密显微熔点仪(X-5 型)、核磁共振仪(VSN-400)、红外光谱仪(Nexus-70)、质谱仪(Expression CMS)、摩擦感度仪(BAM FKSM-10)、撞击感度仪(BAM Fall Hammer BFH-10)、差示扫描量热仪(DSC-60)、注射泵(TYD01)、旋转蒸发仪(XLNS-1)等。

实验试剂：氢氧化钠、盐酸羟胺、乙二醛(质量分数 40%)、尿素、蒸馏水等。

四、实验步骤

(1) 反应液的配制：取盐酸羟胺 22.4 g 于洁净干燥的 100 mL 烧杯 A 中，量取 40%乙二醛溶液 5.6 mL 加入烧杯 A。混合后再称取 8 g 尿素，量取 25 mL 蒸馏水加入烧杯 A 中，搅拌使固体全部溶解得到反应液 A。称取 14 g NaOH 固体，置于另一洁净干燥的 100 mL 烧杯 B 中，量取 40 mL 蒸馏水加入烧杯 B 中，充分搅拌使 NaOH 完全溶解得到反应液 B。

(2) 反应装置的搭建：分别用两个 25 mL 注射器抽取反应液 A 与反应液 B 各20 mL，将注射器安装在注射泵上并固定好，注射器出口用专用的连接部件与微通道反应器流道连接，完成反应装置的搭建(图 4-1)。

(3) 反应步骤：设置加热温度为 95℃，将加热棒和热传感器分别插入反应器中。在收集区放置一个 100 mL 烧杯用于反应完毕液体的收集。将两个注射泵的流速设置为 0.5 mL/min，待达到设定温度后开始反应。此时可在收集区观察到无色透明液体缓慢连续滴入烧瓶中。

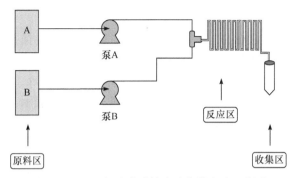

图 4-1　3,4-二氨基呋咱的流动化学合成工艺图

(4) 重结晶：取蒸馏水对收集到的粗产品进行重结晶操作。称量得到的 3,4-二氨基呋咱的质量，计算反应产率。用精密显微熔点仪测定熔点并与文献进行对照。

五、测试与表征

1. 红外、核磁及质谱测试

取少量样品进行红外、核磁及质谱测试，并对相关图谱进行分析。

2. 热性能表征

本实验采用差式扫描量热法(DSC)测定产品的热性能。DSC 曲线表示输入到试样和参比物的功率差(如以热的形式)与温度的关系，若样品出现晶型转变或溶解，则样品吸热而出现倒峰，若样品分解放热则出现正峰。

DSC 分析测试方法：称取约 3 mg 产品装入铝制坩埚中，进行压片，将制备好的压片放入 DSC 热分析仪中，得到其 DSC 曲线。

DSC 测试条件：铝池样品，参比物为空铝池样品，升温速率 5 K/min，样品重约 1 mg，升温区间 50～450℃，氮气气氛，气体流速 50 mL/min。

3. 感度测试

在生成、处理、储存、运输和类似的活动中，炸药经常受到各种外部刺激(如撞击、摩擦等)，这可能会导致炸药的燃烧或轰爆。这种特性是决定特定炸药能否实际应用的关键因数之一。引起爆炸变化所需的激发冲量越小，爆炸物就越敏感，其感度也就越大。因此，感度是评价含能材料在外界能量刺激下发生爆炸难易程度的重要指标。根据外界能量刺激的类型，含能材料的感度可以分为撞击感度、摩擦感度、起爆感度、冲击波感度、静电火花感度等。

本实验需要测定含能化合物的撞击感度和摩擦感度。

1) 撞击感度测试

撞击感度实验按照 GB/T 21567—2008《危险品 爆炸品撞击感度试验方法》所规定的方法，用落锤仪按升降法测试样品的撞击感，仪器为 BAM Fall Hammer BFH-10 撞击感度仪(图 4-2)。撞击载荷即落锤规格：0.5 kg，1 kg，2 kg，5 kg，10 kg；落锤下落高度范围：0~100 cm；实验结果用撞击能量(E_1)表示，通常以发生 50% 起爆或爆炸的撞击能量为衡量指标。撞击能根据式(4-1)计算，单位为 N·m，即 J。

$$E_1 = mHg \tag{4-1}$$

式中，E_1 为撞击能量；m 为落锤质量；H 为落锤高度；g 为重力加速度。

图 4-2　BAM Fall Hammer BFH-10 撞击感度仪结构图

撞击能量范围：0.5~100 J；击砧：直径为 100 mm、高度为 70 mm 的无缝钢；中间击砧：由无缝钢制成，直径为 26 mm，高度为 26 mm；中心柱：用于设置和校准撞击高度；撞击头材质：洛氏硬度为 60~63 的淬火钢；定位环上设有气体逸出孔，支架上装有一个可限制落锤回跳的锯齿板和一个用于调整落锤高度的可移动分度尺；为确保测试结果的准确性，装置底座需用整体钢浇铸；取样匙容量：5 mm³、10 mm³ 和 40 mm³；装置用止动螺钉固定在混凝土块上(600 mm×600 mm)，保证两根导轨完全垂直；落锤由气动或电磁释放装置远程控制，可从指定的高度释放，保证实验人员的操作安全。

测试方法：将 5 kg 落锤固定在 50 cm 高度。取少量样品填满量器，用药匙将多余的药品抹去。将中间击砧放在击砧上，将量器中的样品倒入中间击砧凹槽中，装上撞击头，将样品放入测试室内。打开电源，收起定位环。用启动器远距离启动仪器，测定撞击感度。试验结果评估根据：①在某一特定撞击能下进行的最多六次试验中是否有任何一次出现"爆炸"；②在六次试验中至少有一次出现"爆炸"的最小撞击能。如果在六次试验中至少出现一次"爆炸"的最低撞击能是 2 J 或者更低，则表明撞击感度为敏感。

2) 摩擦感度测试

摩擦感度测试依据 GB/T 21566—2008《危险品 爆炸品摩擦感度试验方法》所规定的方法，仪器为 BAM FKSM-10 摩擦感度仪(图 4-3)。该摩擦感度仪用来测试固体物质(包括膏状和胶状物质)对摩擦的敏感度，并确定该物质是否过于危险而不能按测试时的状态来运输。BAM 法是一种改进的方法，此法能产生可重复性的结果。欧洲广泛采用这种方法测定摩擦感度。样品(约 10 mg)均匀地分散在瓷板上，施加负载的圆柱形瓷棒放在样品上。瓷棒上的负载借助荷重臂可以变化。在电动机带动下，瓷板循 10 mm 的弧线来回运动。该仪器负载重量范围：5～360 N；瓷板移动距离：10 mm；荷重臂上六个槽口与瓷棒轴心的距离分别为 11 cm、16 cm、21 cm、26 cm、31 cm、36 cm；瓷板与瓷棒由工业白瓷制成，瓷板的表面粗糙度为 9～32 μm；瓷棒尺寸为直径 10 mm，长 15 mm，具有粗糙的球形端面，曲率半径为 10 mm；瓷板尺寸(长×宽×高)为 25 mm×25 mm×5 mm；托架移动速率为 7 cm/s；圆筒量器：直径 2.3 mm，深 2.4 mm，用于量取样品；配备远距离电子启动控制器，保证实验人员的操作安全。试验结果的评估根据是：①在某一特定摩擦荷重下进行的最多六次试验中是否有任何一次出现"爆炸"；②在六次试验中至少有一次出现"爆炸"的最低摩擦荷重。如果在六次试验中出现一次"爆炸"的最低摩擦荷重小于 80 N，则摩擦感度为敏感。

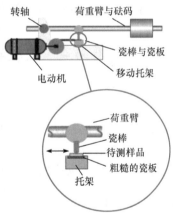

图 4-3　BAM FKSM-10 摩擦感度仪实物图及原理图

测试方法：取少量样品填满量器，用药匙将多余的药品抹去。取一块洁净的瓷板按照纹路方向垂直于可移动托架方向的原则安装在装置上。将药品均匀倒在瓷板中央，放下荷重臂，挂上砝码。点击用户界面的"Start"按钮，拿起引发器远离后按下进行测定。

六、注意事项

(1) 氢氧化钠具有强腐蚀性，在称量和配制溶液时需注意防护。

(2) 搭建微反应器后应检查整个系统的密闭性，保证无漏液。在使用过程中注意防止管道堵塞。

(3) 整个实验过程中严禁无人值守，若出现漏液或其他紧急情况应先关闭注射泵，再进行处理。

(4) 产品的称量、转移过程中应使用牛角勺，严禁使用金属勺和猛烈碰撞，以免发生意外。

(5) 在调整撞击感度仪落锤位置时一定要托住落锤进行移动，确定位置后必须用卡扣固定。

(6) 测试撞击感度与摩擦感度时，一定要远离装置，并采用遥控操作。

七、思考题

(1) 试画出肟化反应的机理。

(2) 尿素在反应中有什么作用？

(3) 微反应与传统的釜式反应有什么不同？优势在哪里？

(4) 影响流动化学反应产率的因素有哪些？

(5) 本实验还有哪些需要改进的地方？

4.4　微波辅助芳香酮的曼尼希反应

一、实验目的

(1) 了解曼尼希反应的原理。

(2) 掌握硅胶负载催化剂的制备方法。

(3) 掌握微反应的操作方法。

二、实验原理

曼尼希反应也称胺甲基化反应，是指一个含有活泼氢原子的化合物和多聚甲醛(或其他醛)以及胺在催化下的不对称缩合反应，所得的产物为曼尼希碱。这些含有活泼氢的化合物包括醛、酮、酯、腈、硝基烷烃、炔、酚及某些杂环化合物。这是一类十分重要的有机反应，在医药和生物碱的合成中有广泛的应用价值，如芳香酮与甲醛、二甲胺盐酸盐反应生成的曼尼希碱具有抗肿瘤及细胞毒活性，有重要的医用价值。

　　传统的曼尼希反应采用浓盐酸作催化剂，无水乙醇作溶剂，加热回流制备。一般来说，反应时间都长达 20～30 h，副反应比较多。其机理是胺与甲醛首先反应失去一分子水生成一个很活泼的亲电试剂——亚甲胺碳正离子；酸同时催化使酮烯醇化，然后亲电试剂与烯醇进行亲电加成反应，得到氨基酮类化合物。近些年来，微波加热技术在有机合成中的应用进展很快。微波合成的最大优点就是能够显著缩短反应时间，副产物较少，易于纯化。另外盐酸催化剂的使用不仅带来设备的腐蚀，而且增加后处理的中和环节。硅胶负载的硫酸氢钠($NaHSO_4·SiO_2$)是一种制备简单的固体酸性催化剂，在酯化反应、比吉内利反应、弗里德兰德反应等有机合成领域得到了广泛应用。因此，本实验在微波条件(150℃，5 min)下，以无水乙醇为溶剂，$NaHSO_4·SiO_2$ 为催化剂，制备邻羟基苯乙酮的曼尼希反应产物。

三、实验仪器与试剂

　　实验仪器：机械搅拌器、微波反应仪、聚四氟乙烯微波反应釜、烧杯、马弗炉、布氏漏斗、抽滤瓶、旋转蒸发仪等。

　　实验试剂：$NaHSO_4·H_2O$、SiO_2、邻羟基苯乙酮、二甲胺盐酸盐、甲胺盐酸盐、多聚甲醛、蒸馏水、乙醇、乙酸乙酯等。

四、实验步骤

　　1. 硅胶负载硫酸氢钠催化剂的制备

　　称取 4.14 g(0.03 mol)$NaHSO_4·H_2O$ 置于 50 mL 烧杯中，加入 10 mL 水溶解后，加入 10 g SiO_2(300 目)。将烧杯置于 90℃加热套中，机械搅拌的同时加热，直至得到白色固体。将白色固体置于马弗炉中于 400℃下加热 4 h 后，置于干燥器中备用。

　　2. 邻羟基苯乙酮的曼尼希反应

　　于聚四氟乙烯微波反应釜中分别加入邻羟基苯乙酮(1.5 mmol)、多聚甲醛 90 mg(2 mmol)、150 mg 的 $NaHSO_4·SiO_2$ 和 3 倍当量的甲胺盐酸盐(或二甲胺盐酸盐)，以及适量乙醇(不超过反应釜容积的 1/2)。设定微波反应条件为加热温度 150℃，反应时间 5 min，压力≤2 MPa。反应完毕，待温度冷却到室温后，过滤回收催化剂 $NaHSO_4·SiO_2$(可在马弗炉中煅烧再生)。滤液浓缩后用乙酸乙酯重结晶得产品，称量并计算产率。

五、测试与表征

用红外光谱、核磁共振氢谱和碳谱、质谱对曼尼希产物的结构进行表征，并对信号进行归属。

六、注意事项

(1) 制备硅胶负载硫酸氢钠催化剂时一定要有人值守，边加热边搅拌，以防止硫酸氢钠分布不均。操作过程注意安全，避免烫伤。

(2) 多聚甲醛分解会释放甲醛，反应需在通风橱中进行。

(3) 乙醇用量一定不要超过聚四氟乙烯微波反应釜容积的 1/2。另外在密封反应釜时需要注意温度计探头一定要插入正确位置。

(4) 微波反应仪在实验过程中一定要装上防护罩。实验结束时一定要冷却到室温再打开装置。

七、思考题

(1) 试画出酸催化的曼尼希反应机理。

(2) 除了乙醇，还有哪些溶剂可以作为曼尼希反应的介质？

(3) 微波加热的原理是什么？

(4) 查阅文献，总结微波辅助合成的应用进展。

4.5　电化学微反应器制备 2-甲氧基-*N*-Boc-吗啉

一、实验目的

(1) 了解庄野氧化(Shono oxidation)反应的基本原理。

(2) 掌握电化学微反应器的基本结构和使用方法。

(3) 掌握影响电化学反应的主要因素。

二、实验原理

有机电化学过程仅通过电子得失实现碳-碳键、碳-卤键，甚至是卤-卤键的形成，无需使用氧化剂或还原剂，是一种绿色、可持续的化学过程。有机电化学合成的优势还在于其高度特异性，避免形成副产物，提高了原子经济性。但由于许多化学反应使用的有机溶剂的电导率较低，需要添加电解质并在反应后予以除去。另外，有机电化学合成在大规模应用中，因电极之间的距离较大，对电流密度的要求较高，从而限制了其应用。将有机电化学与连续流动反应装置结合，可以缩小电极距离而无需大电流负载，并最大限度地减少对电解质的要求。

　　庄野氧化反应是有机电化学中的一个基本反应，即酰胺或氨基甲酸酯在醇溶液中被电解氧化为 N,O-缩醛。反应的机理是酰胺或氨基甲酸酯在阳极被氧化，形成 N-酰基亚胺离子中间体，再与溶剂醇发生亲核反应得到产物(图 4-4)。

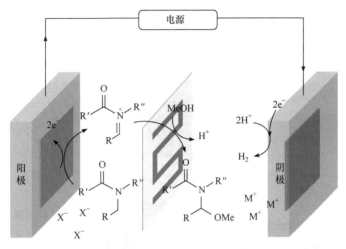

图 4-4　庄野氧化反应机理

　　产物 N,O-缩醛可用于形成新的 C—C 键，因此庄野氧化反应在胺 α 位的官能团化中具有重要地位，是合成取代的含氮杂环天然产物及药物的关键中间体。因此，开发关键中间体环烯(α-甲氧基)氨基衍生物的绿色合成工艺具有重要的经济价值。

　　本实验以 N-Boc-吗啉为原料，四乙基四氟硼酸铵 ($Et_4N^+BF_4^-$) 为电解质，在电化学微反应器中实现庄野氧化反应。

三、实验仪器与试剂

　　实验仪器：电化学微反应器、注射泵、稳压电源、旋转蒸发仪、分液漏斗、布氏漏斗、抽滤瓶、烧杯、锥形瓶、带螺纹口的注射器等。

　　实验试剂：N-Boc-吗啉、$Et_4N^+BF_4^-$、甲醇、氯仿、饱和 NaCl 溶液、无水硫酸钠。

四、实验步骤

(1) 在烧杯中配制含有 N-Boc-吗啉(0.1 mol/L)、0.2 mol/L $Et_4N^+BF_4^-$ 的甲醇溶液，将其转移至带螺纹口的注射器中。

(2) 用稳压电源、电化学微反应器、注射泵搭建反应装置(图 4-5)。本实验的微反应器以碳电极为正极，以不锈钢为负极。

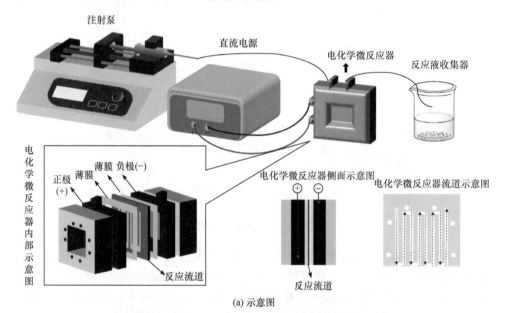

(a) 示意图

(b) 实物图

图 4-5　电化学微反应装置示意图和实物图

(3) 检查电路无误，打开电源及注射泵。设置电流(0.08 A)、流速(120 μL/min)，点击 "Run" 键开始反应。

(4) 反应结束，关闭稳压电源及注射泵。将接收瓶中的溶液转移到茄形瓶中，在旋转蒸发仪上浓缩回收甲醇。向浓缩物中加入氯仿搅拌片刻后抽滤。滤饼为 $Et_4N^+BF_4^-$，可直接回收。滤液分别用蒸馏水和饱和 NaCl 溶液各洗涤两次，用无水硫酸钠干燥，过滤浓缩得粗产物。

(5) 粗产物通过 Flash 硅胶柱层析进行纯化，流动相为石油醚∶乙酸乙酯(体积比为 3∶1)，得到油状物，计算产率。

五、测试与表征

用核磁共振氢谱和碳谱、质谱对产物的结构进行表征，并对信号进行归属。

六、注意事项

(1) 使用微反应器应预先检查其是否漏液。

(2) 搭建好电路后，要反复检查电路，不可出现短路等现象，以免损伤电路。

(3) 调节电流时，应先从电压最小开始调试至所需电流，以免电流过大，出现危险。

七、思考题

(1) 举例说明庄野氧化反应的特点及在复杂化合物合成中的应用。

(2) 本实验可能存在的副产物是什么？如何避免？

(3) 产物 2-甲氧基-N-Boc-吗啉在 254 nm 紫外灯下是否显色？如果不显色，如何用 TLC 监测反应？

第5章　绿色溶剂中的实验

5.1　水相中的多组分反应——基于点击化学制备三氮唑化合物

一、实验目的

(1) 了解点击化学的概念、特点及发展。

(2) 掌握 1,3-偶极环加成反应的机理和操作。

(3) 掌握原子利用率的计算方法。

二、实验原理

点击化学(click chemistry)也称为链接化学或速配接合组合式化学，是 2001 年由化学家夏普利斯(Sharpless)引入的一个合成概念。主要以碳-杂原子键(C—X—C)合成反应为基础，快速简便地构建多样性有机分子。点击化学已成为药物开发和分子生物学等领域中最有用、最吸引人的合成策略之一。

除了原料和试剂易得、反应条件简单外，一个理想的点击反应还具有以下特征：①反应组件多是烯烃或炔烃衍生物，且反应多涉及碳-杂原子(氮、氧、硫等)键的形成；②反应具有较高的热力学驱动力，反应迅速并放出热量；③反应多是融合过程(没有副产物)或缩合过程(多失去水)；④反应有很强的立体选择性；⑤不使用溶剂或在良性溶剂中进行，最好是水；⑥产物对氧气和水不敏感。这些优点降低了实验操作的难度，使点击化学易于广泛应用。

目前点击化学主要发展出四种类型：

(1) 不饱和键的环加成反应，特别是 1,3-偶极环加成反应、第尔斯-阿尔德反应等，可以构建出五元杂环和六元杂环。铜(I)催化的叠氮化物与端基炔烃的 1,3-偶极环加成反应是点击化学的典型代表，其反应机理如图 5-1 所示。

(2) 亲核开环反应，主要是三元杂环的亲核开环，如环氧化合物、氮杂环丙烷、硫杂环等。其中环氧衍生物和吖丙啶镓离子是最常见的底物。除此以外，还包括 α, β-不饱和羰基化合物的迈克尔加成反应。

(3) 非醇醛的羰基化合物缩合反应，主要包括醛或酮与 1,3-二醇生成 1,3-环氧戊烷，醛与肼生成腙，α-或 β-羰基醛、酮和酯生成杂环化合物。

(4) 碳碳多键的加成反应，如烯烃在锇催化下的氨基羟基化、二羟基化反应等。

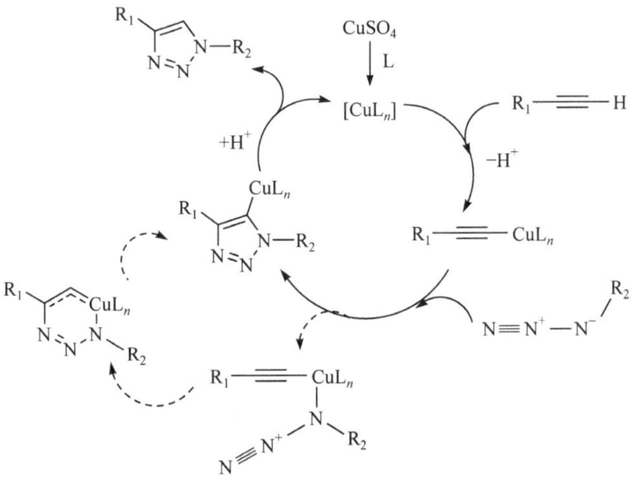

图 5-1　催化反应机理

由于其芳香环的稳定性，三氮唑结构化学性质稳定，是药物、农药和功能材料中重要的结构片段。利用叠氮化合物与炔烃的 1,3-偶极环加成合成三氮唑是最简便的合成方法。本实验中，α-溴代苯乙酮与叠氮化钠生成有机叠氮化合物；硫酸铜与抗坏血酸钠原位生成一价铜，进而高效催化有机叠氮化合物与苯炔的 1,3-偶极环加成反应，得到三氮唑产物。

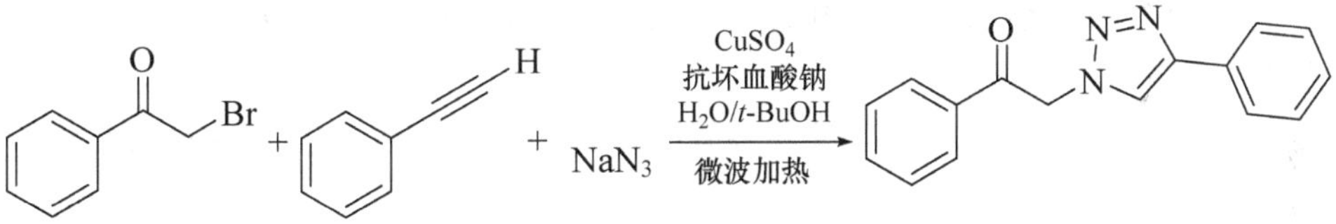

与传统的加热方式相比，微波具有加热速度快、热能利用率高、反应时间短等优点。本实验将点击反应与微波辅助合成技术相结合，方便快速制备三氮唑类化合物。

三、实验仪器与试剂

实验仪器：微波反应仪、反应釜、烧杯、抽滤瓶、布氏漏斗、旋转蒸发仪等。

实验试剂：2-溴苯乙酮、苯乙炔、叠氮化钠、五水硫酸铜、抗坏血酸钠、蒸馏水、叔丁醇、10%氨水等。

四、实验步骤

(1) 将称量好的 2-溴苯乙酮(0.79 g，4 mmol)、苯乙炔(0.4 mL，4 mmol)、叠氮化钠(0.27 g，4 mmol)、抗坏血酸钠(0.078 g，0.4 mmol)放入反应釜中。分别加入 1 mol/L 五水硫酸铜溶液 0.2 mL，叔丁醇和水各 3.0 mL。将反应釜密封，连接压力感受器和温度光纤，放置于微波反应仪中。设置微波加热温度为 150℃，并在此温度下辐射 20 min 后，将反应釜冷却至室温。

(2) 将冷却的反应液倒入含有 10～20 g 碎冰的 50 mL 烧杯中，再加入 10 mL 10%氨水，过滤，滤饼用冷水洗涤 2 次，抽干后真空干燥。

(3) 称量产品计算产率，并测定熔点。

五、测试与表征

取样品分别测定红外光谱和核磁共振波谱(溶剂 DMSO-d$_6$)。

六、注意事项

(1) 叠氮化钠属于易爆品，称取时需要小心，且严禁使用金属药匙。

(2) 叠氮化钠遇酸会产生叠氮酸，因此叠氮化物溶液应尽量避免与酸性溶液接触。

(3) 含有叠氮化物的废液需要与其他废液分开处理。

(4) 苯乙炔易燃且有毒，使用时需注意安全。

(5) 2-溴苯乙酮对皮肤有刺激性，应避免直接接触。

七、思考题

(1) 计算本反应的原子利用率(原子利用率 = 预期产物的分子量/所有原料的分子量之和×100%)。

(2) 查阅文献，画出 1-丁炔与叠氮甲烷在无催化条件下发生 1,3-偶极环加成反应的机理。

(3) 为什么在 Cu(Ⅰ)催化条件下，端炔(R—C≡CH)与有机叠氮化合物(R′—N$_3$)的 1,3-偶极环加成主要生成 1,4-三氮唑产物，而不是 1,5-三氮唑产物？

5.2　PEG-600 介质中制备 3-苯基-5-(4′-羟基苯基)-4,5-二氢吡唑

一、实验目的

(1) 了解 4,5-二氢吡唑的结构及合成方法。

(2) 了解聚乙二醇的特点。

(3) 掌握查尔酮的结构特点与合成方法。

(4) 掌握 PEG-600 在绿色合成中的应用及使用方法。

二、实验原理

4,5-二氢吡唑是含有两个氮原子的五元杂环。该类衍生物具有抗炎、镇静、抗菌等多种生物活性，是抗炎、抗惊厥等药物和除草剂、杀虫剂等农药中较为常见的结构。目前 4,5-二氢吡唑的合成方法主要有四种：一是采用 α, β 不饱和酮与水合肼反应；二是碱催化的炔丙醇与肼反应；三是炔烃、醛或酮以及肼在金催化下的一锅法合成；四是以 α 卤代的腙类化合物和硫叶立德发生环化反应等。

聚乙二醇(PEG)是环氧乙烷水解产物形成的一种高分子聚合物，无毒无刺激性，而且有良好的水溶性，与许多有机物组分相溶。平均分子量在 200~600 范围的 PEG 常温下是黏稠液体，随着平均分子量的增加，PEG 逐渐成为蜡状固体，性质也有较大差异。因此，不同聚合度的聚乙二醇在医药、兽药及化妆品行业中广泛用作软膏、栓剂的基质，滴丸、片剂的载体，成型剂和针剂中的溶剂。

PEG-600 的平均分子量为 570~630，为无色或几乎无色的黏稠液体，低温下为半透明蜡状软物质。PEG-600 由于对绝大多数有机物有较好的溶解性，而且具有价格低廉、环境危害小、热稳定性好、易于回收利用等优点，在绿色化学领域，特别是一些高温条件下的有机合成中得到了应用。

本实验以苯乙酮和 4-羟基苯甲醛为原料，在 PEG-600 介质中，通过微波辅助加热得到查尔酮中间体，进而与水合肼缩合制备二苯基取代的 4,5-二氢吡唑。

三、实验仪器与试剂

实验仪器：微波反应仪、100 mL 聚四氟乙烯微波反应釜、100 mL 烧杯、研钵、布氏漏斗、抽滤瓶、循环水泵等。

实验试剂：苯乙酮、4-羟基苯甲醛、浓盐酸、PEG-600、水合肼、氢氧化钠、哌啶、乙醇、蒸馏水等。

四、实验步骤

1. 查尔酮中间体的合成

将苯乙酮(0.01 mol)、4-羟基苯甲醛(0.01 mol)和氢氧化钠(0.02 mol)在研钵中混合均匀后转移至 100 mL 聚四氟乙烯微波反应釜中，加入 20 mL PEG-600。将上述混合物放置在微波反应仪中，于 100℃加热至 TLC 检测反应完成，停止加热。冷却后将反应釜中的反应混合物加入冰水稀释，转移到 100 mL 烧杯中用浓盐酸调节 pH 至 4～5，有产物析出。抽滤，并用冰水洗涤滤饼，经乙醇重结晶得到查尔酮中间体。计算产率，并测定熔点(101～102℃)。滤液经浓缩干燥回收 PEG-600。

2. 3-苯基-5-(4′-羟基苯基)-4,5-二氢吡唑的制备

将上述查尔酮中间体(0.01 mol)、水合肼(0.01 mol)和催化剂哌啶(2～3 滴)在研钵中混合均匀，用适量 PEG-600 溶解后转移到 100 mL 聚四氟乙烯微波反应釜中。在微波反应仪中于 100℃加热至 TLC 检测反应完成，停止加热。冷却后将反应釜中的反应混合物加入冰水稀释，有产物析出。抽滤，并用冰水洗涤滤饼，经乙醇重结晶得到最终产品。计算产率，并测定熔点(110～111℃)。滤液经浓缩干燥回收 PEG-600。

五、测试与表征

取少量查尔酮中间体和最终产物进行红外、核磁共振氢谱和碳谱的测定，并通过分析相关图谱，归属信号表征结构。

六、注意事项

(1) 氢氧化钠具有腐蚀性，在称量和研磨时注意做好个人防护。

(2) 4-羟基苯甲醛具有刺激性，应尽量避免与皮肤和眼睛接触。

(3) 在使用聚四氟乙烯微波反应釜时应注意反应液的体积，严禁超过容器容积的 1/2。

(4) 水合肼的毒性较大，取用时应戴手套，研磨需在通风橱中进行。

七、思考题

(1) 画出查尔酮与水合肼形成 4,5-二氢吡唑的反应机理，并解释哌啶的催化作用。

(2) 查阅文献，试分析 PEG-600 作为绿色反应介质的优缺点。

(3) 在制备查尔酮中间体的后处理过程中加入浓盐酸调节 pH 的目的是什么？

5.3　离子液体的制备及其在克脑文盖尔缩合反应中的应用

一、实验目的

(1) 了解离子液体催化剂的有机合成反应的绿色化特点。

(2) 掌握克脑文盖尔缩合反应的原理及实验方法。

(3) 掌握离子液体的制备和回收方法。

二、实验原理

克脑文盖尔缩合反应是合成碳碳双键的重要方法，一般采用氨、胺及其盐作催化剂，在有机溶剂或加热的条件下进行。随着人们环保意识的增强，在无催化剂条件下进行有机合成反应备受重视。离子液体因其绿色的特点也得到了日益广泛的应用。本实验采用离子液体——甲酸乙醇胺作催化剂，在室温、无溶剂条件下催化苯甲醛和氰基发生克脑文盖尔缩合反应，产品为白色固体，熔点为 50～52℃，反应方程式如下：

$$\text{ArCHO} + \underset{\underset{\text{CO}_2\text{C}_2\text{H}_5}{|}}{\overset{\overset{\text{CN}}{|}}{\text{H}_2\text{C}}} \xrightarrow[\text{无溶剂，室温}]{\text{离子液体}} \underset{\text{H}}{\overset{\text{Ar}}{\diagdown}} \text{C}=\text{C} \underset{\text{CO}_2\text{C}_2\text{H}_5}{\overset{\text{CN}}{\diagup}}$$

三、实验仪器与试剂

实验仪器：250 mL 两口烧瓶、冷凝管、加料器、磁力加热搅拌器、50 mL 磨口三角瓶、减压蒸馏装置、真空干燥箱、熔点仪。

实验试剂：甲酸、乙醇胺、苯甲醛(新蒸馏)、氯乙酸乙酯、5%乙醇、乙酸乙酯。

四、实验内容

(1) 离子液体甲酸乙醇胺的制备。

① 在安装了冷凝管和加料器的 250 mL 两口烧瓶中加入 12.20 g(0.2 mol)乙醇胺，将烧瓶置于冰浴中。

② 在搅拌条件下，将加料器中 7.6 mL(0.2 mol)甲酸逐渐加入反应烧瓶内，45 min 内滴完。

③ 在室温条件下继续搅拌 24 h，生成透明、黏稠液体——甲酸乙醇胺，备用。

(2) 称量 1.59 g(15 mmol)苯甲醛、1.70 g(15 mmol)氯乙酸乙酯和 1.60 g(15 mmol)甲酸乙醇胺，加入 50 mL 磨口三角瓶中。

(3) 在磁力加热搅拌器上，室温搅拌 20 min。

(4) 待反应物固化后用 5%乙醇溶液洗涤，干燥得纯产物。

(5) 洗涤液加压浓缩后用少量乙酸乙酯洗涤，真空干燥，回收离子液体。

(6) 称量产品，计算产率，测熔点。

五、测试与表征

取少量最终产物进行核磁共振氢谱和碳谱的测定，并通过分析相关图谱，归属信号表征结构。

六、注意事项

(1) 甲酸乙醇胺易溶于乙醇和水，用 5%乙醇溶液洗涤即可将产物和催化剂分离。

(2) 离子液体催化剂至少可重复使用 5 次，催化活性无变化。

七、思考题

(1) 本实验得到的产品为什么不需纯化？

(2) 为什么使用新蒸馏的苯甲醛？

(3) 离子液体怎样重复使用？

5.4　超临界 CO_2 中制备离子液体 1-丁基-3-甲基咪唑溴化盐

一、实验目的

(1) 了解超临界法的原理和用途。

(2) 掌握 1-丁基-3-甲基咪唑溴化盐的合成方法。

二、实验原理

超临界 CO_2 因具有化学惰性、无毒、阻燃、廉价易得、安全、不污染环境、临界压力 p_c(7.38 MPa)和临界温度 T_c(31.06℃)适中等众多优点而备受青睐，作为绿色溶剂已经在很多领域得到广泛应用。在接近室温条件下，达到超临界状态的 CO_2 在离子液体中具有很大的溶解度，而离子液体几乎不溶于超临界 CO_2 中。基于这两种绿色溶剂的各自特点，两者结合使用可能获得一些两者均不具备的优点。因此，以超临界 CO_2 替代常规有机溶剂制备离子液体，超临界 CO_2 既作溶剂又作纯化过程的萃取剂，就可以从源头上消除污染。

三、实验仪器与试剂

实验仪器：超临界反应装置、Bruker Avance400 型核磁共振波谱仪、Aligent6890

型气相色谱仪。

实验试剂：CO_2(纯度 99.9%)、N-甲基咪唑(质量分数 98%)、溴代正丁烷(化学纯)、甲苯(化学纯)。

四、实验步骤

1. 1-丁基-3-甲基咪唑溴化盐的制备

(1) 反应过程。在 100 mL 超临界反应釜中加入 8.21 g(0.1 mol)N-甲基咪唑和 14.38 g(0.105 mol)溴代正丁烷，将反应釜上盖封好。加热反应釜到所需的反应温度后注入 CO_2，磁力搅拌 250 r/min，恒温、恒压间歇反应一定时间。

(2) 萃取。反应结束后慢慢开启背压阀，通过调节其开度来控制反应釜的压力和 CO_2 的流速进行萃取操作。

(3) 分析。未反应的原料经超临界 CO_2 萃取后收集到置于冰浴的装有 50 mL 甲苯的锥形瓶中，用气相色谱分析其含量。

(4) 纯度检验。萃取结束后关泵，将反应釜泄压至常压，打开上盖，取出产物——离子液体 1-丁基-3-甲基咪唑溴化盐(浅黄色黏稠液体)，进行称量及结构和纯度检验。

2. 实验条件优化

(1) 反应温度的影响。固定反应压力为 8 MPa，反应时间 12 h，改变反应温度，考察其对产率的影响。反应完毕后进行萃取操作，采用萃取压力为 8 MPa，CO_2 流量为 1.5～2.0 L/min，萃取温度 75℃，萃取时间 2 h。

(2) 反应压力的影响。确定反应温度为 75℃，反应时间 12 h，改变压力，考察其对产率的影响。反应完毕后进行萃取操作，采用萃取压力为 8 MPa，CO_2 流量为 1.5～2.0 L/min，萃取温度 75℃，萃取时间 2 h。

(3) 反应时间的影响。固定反应压力为 8 MPa，反应温度为 75℃，改变反应时间，考察其对产率的影响。反应完毕后进行萃取操作，采用萃取压力为 8 MPa，CO_2 流量为 1.5～2.0 L/min，萃取温度 75℃。

五、测试与表征

取少量最终产物进行核磁共振氢谱和碳谱的测定，并通过分析相关图谱，归属信号表征结构。

六、注意事项

(1) 本反应器属于压力容器，在使用前应检查装置的密闭性，使用过程中注意压力的变化。

(2) 按照设备说明书进行管线连接。

七、思考题

(1) 超临界二氧化碳作为反应介质具有哪些优势？

(2) 查阅文献，总结超临界二氧化碳作为反应介质的研究进展。

(3) 1-丁基-3-甲基咪唑溴化盐的传统制备方法有哪些？存在哪些缺点？

(4) 在核磁共振氢谱中，1-丁基-3-甲基咪唑溴化盐中 N-甲基的信号出现在什么位置？

第6章　绿色替代物实验

6.1　无溶剂的空气氧化苯甲醇制备苯甲酸

一、实验目的

(1) 掌握苯甲醇制备苯甲酸的原理。

(2) 掌握氧化反应实验方法。

(3) 了解催化剂循环使用的方法。

二、实验原理

物质因失去电子而导致氧化数升高被称为氧化。氧化反应是一种重要的化工单元过程。根据氧化剂和工艺，氧化反应主要分为氧气(空气)氧化法和化学试剂氧化法。后者具有选择性好、效率高等优点。但是在化学工业生产中，化学试剂氧化法需要耗费大量的有机溶剂和氧化剂，不仅增加生产成本，还产生大量废物，不符合绿色化工的要求。因此，发展空气(氧气)氧化、无溶剂反应、使用可回收催化剂成为氧化反应的研究热点。

苯甲酸(安息香酸)为无色、无味、片状晶体。熔点122.13℃，沸点249℃，密度1.2695 g/cm³。其微溶于水，易溶于乙醇、乙醚等有机溶剂。苯甲酸广泛应用于合成醇酸树脂、医药和染料的中间体及防腐剂。

目前通过氧化法制备苯甲酸的方法主要有高锰酸钾在水溶液中氧化甲苯、过氧化氢氧化苯甲醇或苯甲醛等。前者存在反应时间长、产生大量固体二氧化锰污染物等缺点。后者因对环境污染小而受到重视。特别是近年来，以空气为氧源、Cu(Ⅱ)配合物为催化剂的无溶剂绿色研究得到快速发展。

本实验以苯甲醇为原料，空气(氧气)为氧化剂，硫酸铜为催化剂，在碱性条件下制备苯甲酸。反应式如下：

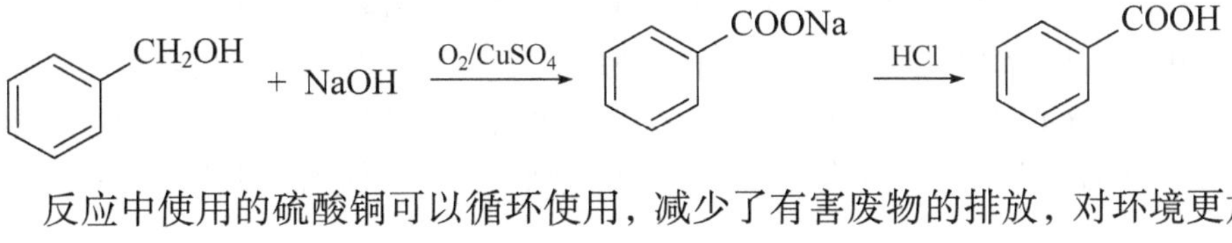

反应中使用的硫酸铜可以循环使用，减少了有害废物的排放，对环境更加友好。

三、实验仪器与试剂

实验仪器：带搅拌的电热套、冷凝管、100 mL 圆底烧瓶、抽滤瓶、布氏漏斗、马弗炉、坩埚、熔点仪。

实验试剂：氢氧化钠、苯甲醇、五水硫酸铜、浓盐酸。

四、实验步骤

(1) 在装有冷凝管的 100 mL 圆底烧瓶中分别加入 1.00 g(0.025 mol)氢氧化钠、2.15 g(0.02 mol)苯甲醇和 0.26 g (0.0016 mol)五水硫酸铜。将上述反应瓶放置在带搅拌的电热套中，回流反应至薄层检测不到原料苯甲酸后，停止反应并冷却至室温。

(2) 向反应瓶中加入 25 mL 水，继续加热回流约 15 min，使反应完全，冷却后抽滤。滤饼用 5 mL 水洗涤，晾干后在马弗炉中焙烧，回收黑色的 CuO。滤液则转移到烧杯中，用浓盐酸酸化至 pH≤2，使白色固体析出，静置后抽滤，得到苯甲酸粗品。

(3) 将上述苯甲酸粗品用蒸馏水重结晶，干燥后称量、计算产率，测熔点，并通过核磁共振氢谱和碳谱确定其结构。

五、测试与表征

取少量最终产物进行核磁共振氢谱和碳谱的测定，并通过分析相关图谱，归属信号表征结构。

六、注意事项

(1) 铜盐催化剂经过简单处理可重复使用。

(2) Cu(Ⅱ)可能的催化反应机理如下：

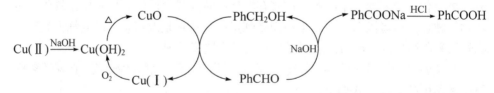

Cu(Ⅱ)无机盐首先在碱性条件下生成 Cu(OH)$_2$，后者受热分解为 CuO。CuO 将苯甲醇氧化为苯甲醛，同时自身转变为 Cu(Ⅰ)，使反应体系呈砖红色。在碱性条件下，Cu(Ⅰ)被 O$_2$ 重新氧化成 Cu(OH)$_2$，使催化得以循环。苯甲醛则通过歧化反应，分别生成苯甲醇与苯甲酸钠。待反应结束后，将体系酸化得到苯甲酸。

七、思考题

(1) 本实验体现的绿色化学思想有哪些?

(2) 哪种类型的醛可以发生歧化反应?

6.2　Ni[0]基催化制备联苯

一、实验目的

(1) 了解偶联反应的合成过程。

(2) 掌握无水无氧基本操作步骤。

(3) 掌握减压蒸馏的操作。

二、实验原理

联苯是一种白色或略带黄色的鳞片状结晶物质,具有独特的香味,可作为重要的化工原料,用来合成增塑剂、防腐剂,还可以用于制造染料、工程塑料和高能燃料等,在医药、农药、染料、液晶材料等领域应用广泛。在自然界中,联苯主要存在于煤焦油、原油和天然气中。联苯在煤焦油中的含量为 0.20%~0.40%,可以通过煤焦油分离提取获得联苯,也可以通过苯热解制联苯等化学合成法制备,或者用亚硝酸钠与苯胺进行重氮化,生成氯化重氮苯,用碱中和后,再与苯缩合即得联苯。这些方法碳排放量巨大,因而需要开发绿色替代的方法。

经典的 C—C 键偶联反应是指亲电试剂(R′—X)和亲核试剂(R—M)在过渡金属(盐或配合物)催化剂作用下通过氧化加成、金属交换和还原消除而成键的过程。以钯催化的交叉偶联反应为例,其广泛接受的一般机理是:Pd^0 物种和亲电的有机卤代物 **1** 发生氧化加成得到 Pd^{II} 物种 **2**;**2** 与亲核的金属试剂 **3** 发生金属交换得到 Pd^{II} 物种 **5**;**5** 发生还原消除生成交叉偶联产物的同时 Pd^{II} 再生为 Pd^0,完成催化循环(图 6-1)。

过渡金属催化的偶联反应在有机合成领域虽然得到了广泛应用,但是许多催化剂使用 Pd 等贵金属,限制了其在化学工业中的大规模应用。因此,开发价格低廉、环境友好的金属催化剂仍是 C—C 键偶联反应研究的热点。

金属镍属于亲铁元素,在地壳中含量较高,兼具经济和环境友好的特点,因此以镍为催化剂催化偶联反应是现代有机合成与化工领域研究的热点之一。

本实验以对氯苯为原料,在无水无氧的环境中,以锌粉还原二价镍,形成零价镍的三苯基膦配合物为催化剂,催化偶联生成联苯。

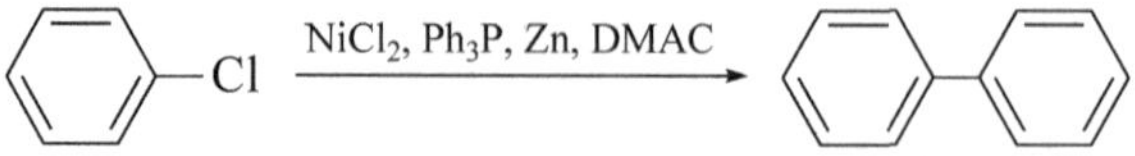

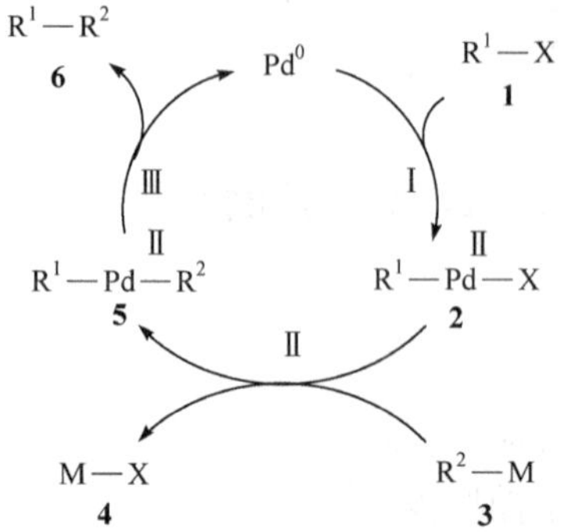

图 6-1　以钯催化的偶联反应机理(Ⅰ 为氧化加成；Ⅱ 为金属交换；Ⅲ 为还原消除)

三、实验仪器与试剂

实验仪器：加热搅拌器、100 mL 两口烧瓶、双排管、真空泵、回流冷凝管、磁力搅拌子、针管。

实验试剂：氯苯、N,N-二甲基乙酰胺(DMAC)、氯化镍、锌粉、三苯基膦、2,2′-联吡啶。

四、实验步骤

(1) 室温下，在 100 mL 两口烧瓶内放入 0.259 g(2 mmol)氯化镍、1.308 g(20 mmol)锌粉、0.156 g(1 mmol)2,2′-联吡啶和 2.098 g(8 mmol)三苯基膦，在连接双排管的体系中，反复抽真空和充入氮气，三次以上。

(2) 加入 2 mL 干燥的 DMAC，搅拌至体系变成红色。

(3) 加入 4.04 mL(40 mmol)氯苯和 8 mL 干燥的 DMAC，在 60℃下反应 5 h，反应体系的颜色从刚开始的浅绿色变成深红色，说明反应到达终点。

(4) 在减压蒸馏体系中，先回收 DMAC，再收集 110℃的馏分即为联苯产物。称量、计算产率，并测定熔点(68.5～70℃)。

五、测试与表征

取少量产物进行核磁共振氢谱和碳谱的测定，并通过分析相关图谱，归属信号表征结构。

六、注意事项

(1) 容器必须清洗干净，并且严格烘干，保证无水。

(2) 橡胶塞必须用丙酮清洗，除去表面的有机物。

(3) DMAC 事先需用氢化钙脱水，减压蒸馏备用。

七、思考题

(1) 除了锌粉外，还有哪些物质可用作还原助剂？

(2) 反应体系中如果含有少量水，反应产物会出现怎样的变化？

(3) 为什么需要如此多的锌粉？用什么方法可以改进反应？

6.3 三氮唑硫醚的多组分"一锅法"合成

一、实验目的

(1) 了解多组分"一锅法"合成三氮唑硫醚的机理。

(2) 了解单质硫制备硫醚的新型绿色合成反应。

(3) 掌握柱色谱分离纯化技术。

(4) 掌握核磁共振波谱鉴定分子结构的原理和方法。

二、实验原理

绿色化工是化学和化工的发展方向。绿色生产是可持续发展的需要，传统的化工生产伴随废物的排放，严重地影响环境保护。硫醚和三氮唑是众多精细化工产品和药物的结构基团，硫醇是传统制备硫醚的原料，但是硫醇的气味太重，污染环境。单质硫无气味，易于操作。碘化亚铜催化炔和叠氮反应生成铜基三氮唑环活性中间体。碘化亚铜还可以催化卤代烃与硫反应生成活性烷基硫铜。这两个活性中间体可以反应生成三氮唑硫醚目标化合物。

反应式如下：

反应机理如下：

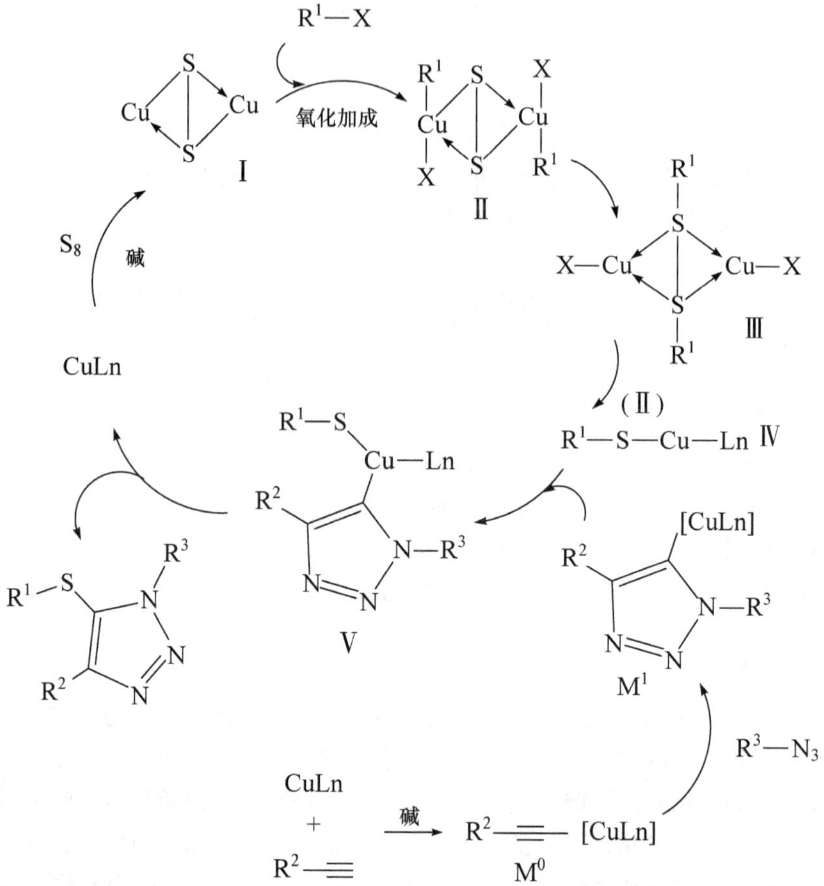

三、实验仪器与试剂

实验仪器：50 mL 圆底烧瓶、烧杯、冷凝管、抽滤瓶、布氏漏斗、滤纸、TLC 板、天平、研钵、熔点仪、磁力搅拌器、烘箱和马弗炉。

实验试剂：丙炔酸甲酯、对溴苄基溴、苄基叠氮化物、叠氮化钠、碘化亚铜、硫、N,N-二甲基甲酰胺、碳酸钾、二氯甲烷、无水硫酸钠、二甲亚砜、石油醚。

四、实验步骤

(1) 对溴苄基叠氮的制备：将对溴苄基溴(5.0 g，20 mmol)和叠氮化钠(1.7 g，25 mmol)加入二甲亚砜(20 mL)中，50℃搅拌反应 1 h，TLC 跟踪反应(展开剂：石油醚)。反应完毕，加入二氯甲烷(30 mL)，用冰冻去离子水洗涤(20 mL×4)。有机相用无水硫酸钠(5 g)干燥，减压浓缩得固体产物对溴苄基叠氮，用石油醚加热溶解，重结晶。

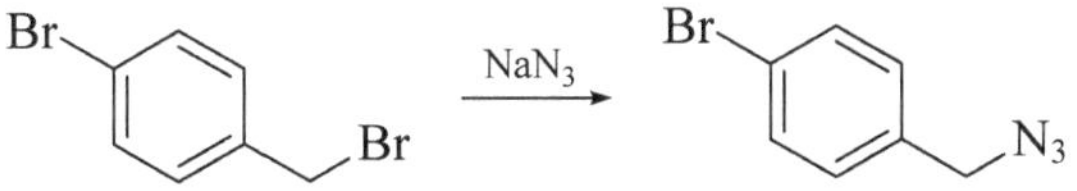

(2) 在装有 CuI(1.5 g，8 mmol)和搅拌子的 50 mL 圆底烧瓶中，分别加入用冰浴冷却的含有丙炔酸甲酯(0.50 g，6 mmol)、苄基叠氮化物(0.67 g，5 mmol)、对溴苄基溴(1.6 g，6 mmol)、单质硫(0.48 g，15 mmol)、N,N-二甲基甲酰胺(15 mL)和 K_2CO_3(1.38 g，10.0 mmol)的溶液，加毕将反应混合液搅拌 0.5 h 后，先在室温下反应 1 h，再升温至 60℃反应 2 h。TLC 跟踪反应完毕，将反应液冷却至室温，抽滤，滤饼用二氯甲烷洗涤(15 mL×2)，合并滤液，用水洗涤(约 20 mL×3)。有机相用无水硫酸钠(5 g)干燥，减压浓缩后通过色谱柱分离纯化，得到产物纯品。将纯化产物干燥后称量，计算反应产率，并测定熔点。

五、测试与表征

用核磁共振氢谱和碳谱确定产物结构。

六、注意事项

(1) 用色谱柱分离纯化产物，用硅胶填充色谱柱，要压实硅胶，选择合适的洗脱剂。

(2) 注意减压过滤的正确操作。

七、思考题

(1) 用柱色谱分离纯化产物，如何选择洗脱剂？

(2) 水对第二步反应有什么影响？如何除去 N,N-二甲基甲酰胺中的微量水？

6.4　CuI 催化的氰基化反应——芳腈类化合物的制备

一、实验目的

(1) 了解氰基化的方法。

(2) 掌握铁氰化钾参与的氰基化反应机理。

(3) 掌握芳腈类化合物的分离纯化方法。

二、实验原理

芳腈类化合物不仅是合成杂环的重要中间体，也广泛用于染料、除草剂、农用化学品和药物中。芳腈类化合物最初是由罗森蒙德-冯布劳恩(Rosenmund-von Braun)反应制备，即芳卤代物与氰化亚铜(CuCN)在260℃加热。

$$R \underset{}{\overset{}{\text{——}}} \bigcirc \text{——} X + CuCN \xrightarrow{\triangle} R \underset{}{\overset{}{\text{——}}} \bigcirc \text{——} CN$$

通过改进，该反应可以在铜或钯催化下于较低的温度下进行。

但氰化过程仍然需要使用氰化钠或氰化钾等试剂。这些金属氰化物本身毒性较大，如果不慎摄入，或通过皮肤伤口或呼吸道进入体内，后果不堪设想。另外，碱金属氰化盐与酸反应会产生氢氰酸(HCN)，也会带来安全问题。因此，开发环境友好的绿色氰化反应对化工产业具有重要意义。

亚铁氰化钾($K_4[Fe(CN)_6]$)俗称黄血盐，是一种黄色结晶性粉末，可作为染料用于纤维染色，也可添加到食盐中防止结块。亚铁氰化钾中的氰根离子(CN^-)与二价的铁离子结合牢固，即使在稀盐酸中煮沸，也不会释放氰根离子，因此毒性较低。在铜或钯催化下，亚铁氰化钾不仅在氰化反应的条件下可缓慢释放氰根离子，而且其六个氰根离子均可用于芳基卤代物的氰化，是金属氰化物较为理想的替代试剂。氰化反应也可以在水溶液中进行，但是必须使用相转移催化剂以增加有机物在反应混合物中的溶解度。四甘醇(三缩四乙二醇)是由四分子的乙二醇缩合而成的一种低聚产物，是工业上制备乙二醇时的一种副产物。四甘醇兼具醇类和醚类的性质，末端的两个羟基使其可溶于水，中间的烷基链又赋予该化合物对有机物的溶解能力。

因此本实验在微波条件下，以1-碘代萘和亚铁氰化钾为原料，四甘醇作为相转移催化剂进行氰化反应。

$$\bigcirc\bigcirc\text{—I} + \left[NC \underset{NC}{\overset{CN}{\underset{|}{\overset{|}{Fe}}}} \overset{CN}{\underset{CN}{\diagup}} \right]^{4-} \cdot 4K^+ \xrightarrow[\text{微波加热}]{\substack{CuI \\ H_2O \\ HO(CH_2CH_2O)_3CH_2CH_2OH}} \bigcirc\bigcirc\text{—CN}$$

三、实验仪器与试剂

实验仪器：微波反应仪、聚四氟乙烯微波反应釜(50 mL)、5 mL量筒、50 mL锥形瓶、250 mL分液漏斗、50 mL圆底烧瓶、布氏漏斗、抽滤瓶、循环水泵、薄层色谱、紫外灯(254 nm)、点样毛细管、快速层析柱、旋转蒸发仪、天平、核磁共振仪等。

实验试剂：1-碘基萘、碘化亚铜、亚铁氰化钾、四甘醇、无水硫酸镁、乙腈、乙醚、蒸馏水、色谱纯溴化钾、柱层析硅胶(300～400 目)、氘代氯仿、饱和氯化钠溶液、乙酸乙酯、石油醚-乙酸乙酯等。

四、实验步骤

1. 1-氰基萘的制备

(1) 在放置有磁力搅拌子的 50 mL 聚四氟乙烯微波反应釜中分别加入 1-碘基萘(508 mg)、碘化亚铜(56 mg)、亚铁氰化钾(254 mg)、四甘醇(4.0 mL)和蒸馏水(4.0 mL)。将反应釜密封后置于微波反应仪中，连接温度探测器和压力传感器。

(2) 设置反应温度 175℃，并在此温度下反应 30 min，记录反应体系温度和压力的变化。待反应结束后将反应釜冷却至 50℃以下，断开温度探测器和压力传感器连接，取出反应釜。

2. 产物 1-氰基萘的分离与纯化

(1) 小心打开反应釜，用吸管将反应液转移到 250 mL 分液漏斗中，反应釜依次用乙腈和乙醚各洗涤 2 次(每次 10 mL)，洗涤液也转移到分液漏斗中。向分液漏斗中分别加乙醚(10 mL)和蒸馏水(30 mL)后，关闭分液漏斗旋塞并翻转漏斗混合三次(注意每次混合后需要打开旋塞放气)。分出下层水相后，有机相用饱和氯化钠溶液洗涤两次(每次 10 mL)。弃去水层，有机相转移到锥形瓶中用无水硫酸镁干燥 10 min 后，抽滤除去干燥剂，并用少量乙醚洗涤滤饼。滤液合并后在旋转蒸发仪上浓缩，除去有机溶剂。

(2) 取少量浓缩物用乙酸乙酯溶解，进行 TLC 展开，并在紫外灯下观察，计算 R_f 值。浓缩物采用快速柱层析分离纯化(300～400 目硅胶)，流动相为石油醚-乙酸乙酯。通过 TLC 检测后，将含有产品的流出液合并、浓缩，称量后计算产率。

五、测试与表征

(1) 测试原料和产品的红外光谱图，解析并比较二者之间的差异。
(2) 将少量产品溶解于氘代氯仿，测试核磁共振氢谱和碳谱并解析图谱。

六、注意事项

(1) 1-碘基萘和碘化亚铜都有刺激性，使用时需佩戴手套和护目镜。
(2) 微波反应在密闭容器中进行，使用时需要仔细检查反应釜的完整性。
(3) 乙醚沸点较低，其蒸气与空气可形成爆炸性混合物，使用时需避免明火。

七、思考题

(1) 腈类化合物虽然不像酯、酰胺化合物那样含有羧基,但仍被划分为羧酸衍生物,试解释原因。

(2) 查阅文献,举出一个由芳腈类化合物制备杂环的实例(说明反应机理和实验步骤)。

(3) 氰化钾等碱金属氰化物"入口即死",解释其毒性产生的机理。

(4) 碘化亚铜在本实验中的作用是什么?

6.5 吡啶叶立德参与的多步连续反应——二取代三氮唑的合成

一、实验目的

(1) 通过多组分三氮唑的两步合成实验,巩固基本实验操作技能,了解"一锅法"多步绿色合成反应。

(2) 掌握无水无氧反应的实验操作技能。

(3) 掌握色谱柱分离纯化和重结晶纯化技术。

(4) 掌握核磁共振氢谱鉴定分子结构的方法。

二、实验原理

绿色生产是可持续发展的需要,传统的化工生产伴随废物的排放,不利于环境保护。绿色化工是化学和化工学科的发展方向。三氮唑是精细化工产品和药物的结构基团,碘化亚铜催化炔和叠氮物反应生成三氮唑环是经典的三氮唑合成方法。本实验用 L-脯氨酸催化卤代烃、醛和叠氮化钠反应,直接生成双取代的三氮唑化合物。本反应要求无水无氧条件,通过本次实验,练习无水无氧反应的操作方法。

反应式如下:

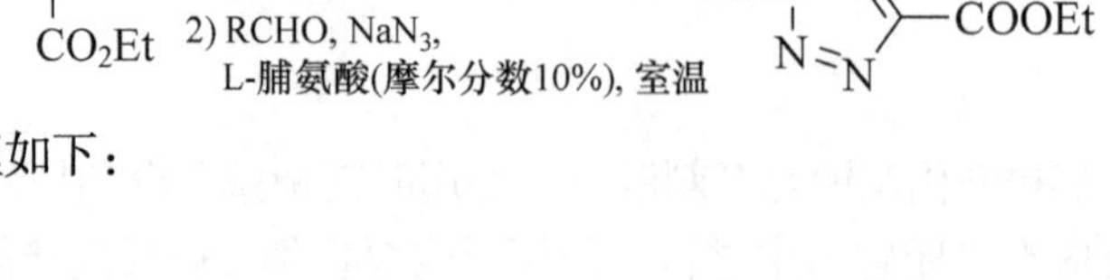

反应机理如下:

三、实验仪器与试剂

实验仪器：100 mL 圆底烧瓶、烧杯、冷凝管、抽滤瓶、布氏漏斗、天平、熔点仪、磁力搅拌器、烘箱等。

实验试剂：2-溴乙酸乙酯、对溴苯甲醛、吡啶、L-脯氨酸、叠氮化钠、二甲亚砜(DMSO)、氢氧化钠、盐酸和浓盐酸、乙酸乙酯或二氯乙烷、无水硫酸钠、石油醚-乙酸乙酯。

四、实验步骤

(1) 将无水溶剂 DMSO(30 mL)、无水吡啶(1.19 g，15 mmol)和 2-溴乙酸乙酯(1.67 g，10 mmol)混合于干燥的圆底烧瓶(100 mL)中。用氮气置换反应瓶中空气后，将反应瓶通过干燥管与氮气球连接。

(2) 将混合液在 50℃搅拌反应 2 h 后得到吡啶盐。然后加入对溴苯甲醛(2.8 g，15 mmol)、叠氮化钠(0.98 g，15 mmol)和催化剂 L-脯氨酸(0.22 g，2.0 mmol)，继续在 50℃搅拌反应 2 h。TLC 跟踪反应至反应完全。

(3) 将反应混合液冷至室温后倒入冰水(30 mL)中淬灭，用乙酸乙酯或二氯甲烷萃取(15 mL×3)。合并有机相，用无水硫酸钠干燥 5 min。过滤除去干燥剂，滤液用旋转蒸发仪除去溶剂，得到固体产物。产物粗品可用石油醚重结晶，也可以用硅胶柱分离纯化(洗脱剂为石油醚-乙酸乙酯，体积比为 7∶3)，得到 4,5-二取代 1,2,3-三唑产物。真空干燥后称量，计算产率，并测定熔点(169~171℃)。

五、测试与表征

取少量纯品用核磁共振氢谱和碳谱鉴定分子结构。

六、注意事项

(1) 反应瓶、搅拌子以及反应所需的溶剂和反应物都需要做干燥处理，保证无水。二甲亚砜有吸湿性，取用时要用氮气保护，或者在手套箱内取用。

(2) 减压过滤要采用正确的操作程序，防止倒吸。

(3) 叠氮化钠有爆炸性，在取用时应避免剧烈碰撞，注意安全。过量的叠氮化钠可用次氯酸钠溶液进行销毁处理。

(4) 用色谱柱分离纯化产物，用硅胶填充色谱柱，要压实硅胶，选择合适的洗脱剂。

七、思考题

(1) L-脯氨酸在催化过程中是如何催化反应的?

(2) 利用重结晶方法纯化产品，怎样选择溶剂?

(3) 如何检测废液中是否存在叠氮离子?

6.6　以无机溴化物为溴源合成季戊四溴

一、实验目的

(1) 掌握溴化反应的种类和反应机理。

(2) 掌握季戊四溴的合成方法。

二、实验原理

溴化反应(bromination reaction)是指有机分子中的官能团被溴取代后生成含溴化合物的反应，是有机合成中十分重要的基础反应。溴原子的引入可以活化分子中的特定部位，方便引入其他官能团。常见的溴化试剂有单质溴、无机溴化物(氢溴酸、溴化钠等)、N-溴代丁二酰亚胺(NBS)、过溴化吡啶氢溴酸盐(PHP)、二溴海因(DBDMH)和四溴环酮(TBCO)等。单质溴是最传统的溴代试剂，但存在毒性大、易挥发等缺点。

季戊四溴是合成水性胶黏剂的交联剂及其他树枝状化合物(寡聚物)的中间体，

具有重要的经济效益。季戊四醇与三溴化磷反应是合成季戊四溴的一般方法，但存在环境污染大等缺点。本实验以季戊四醇为原料，先与苯磺酰氯发生酯化反应制得季戊四醇四苯磺酸酯，再与溴化钠在相转移催化剂聚乙二醇-600(PEG-600)作用下发生亲核取代反应生成季戊四溴。

由于溴化钠在有机溶剂中的溶解度小，溴化反应是一个典型的两相反应，因此反应温度、反应时间、相转移催化剂用量及溶剂都会对反应有影响。

三、实验仪器与试剂

实验仪器：恒压滴液漏斗、三口瓶、大烧杯(800 mL)、磁力加热搅拌器、旋转蒸发仪、电热套、机械搅拌器、熔点仪等。

实验试剂：季戊四醇、苯磺酰氯、吡啶、NaBr、二甘醇(DEG)、聚乙二醇-600(PEG-600)、浓盐酸、甲醇、乙醇等。

四、实验步骤

1. 季戊四醇四苯磺酸酯的制备

将 13 g(96 mmol)季戊四醇和 65 mL 吡啶加入 250 mL 三口瓶中，搅拌状态下滴加 55 mL(420 mmol)苯磺酰氯。控制滴加速度使反应温度不超过 35℃，1.5 h 滴完。继续在 40℃搅拌反应 2.5 h。将反应混合物缓缓加入一只盛有 80 mL 浓盐酸、100 mL 水、200 mL 甲醇的 800 mL 大烧杯中，生成白色粒状季戊四醇四苯磺酸酯的沉淀，过滤，水洗三次，甲醇洗两次，70~80℃烘干，得白色粉末状产品。称量并计算产率，干燥后测定熔点。

2. 季戊四溴的制备

在 250 mL 三口瓶中加入 8.75 g(12.6 mmol)干燥的季戊四醇四苯磺酸酯、20 mL 二甘醇、1.5 g(2.5 mmol)聚乙二醇-600 和 7.75 g NaBr(75 mmol)，在 140~148℃下搅拌反应 12 h。冷至 60℃，加入 200 mL 冰水，析出大量白色粒状沉淀。过滤，冰水洗三次，80℃干燥，乙醇重结晶。称量并计算产率，干燥后测定熔点。

五、测试与表征

(1) 采用红外光谱对季戊四溴进行结构表征。

(2) 采用核磁共振氢谱对季戊四溴进行结构表征。

六、注意事项

(1) 苯磺酰氯有刺激性，使用时需注意安全。

(2) 制备季戊四溴时温度较高，最好采用电热套加热，机械搅拌器搅拌。

七、思考题

(1) 查阅文献，总结溴代反应的方法及各自的优缺点。

(2) 试解释 PEG-600 的相转移作用机理。

6.7　L-脯氨酸催化对硝基苯甲醛与丙酮的不对称羟醛缩合反应

一、实验目的

(1) 掌握 L-脯氨酸催化羟醛缩合(Aldol 缩合)反应的机理。

(2) 掌握柱层析分离的原理和方法。

(3) 掌握手性高效液相色谱测定光学纯度的原理和方法。

(4) 了解有机小分子催化剂在有机合成中的应用。

二、实验原理

多数化学反应需要在催化剂的"帮助"下才能顺利进行。截至目前，过渡金属催化剂和酶是研究最广泛、在工业上应用最广的两类催化剂。但前者价格昂贵、不易回收；后者稳定性差、适用底物有限。

2000 年李斯特设想用有机小分子模拟酶，并成功实现了脯氨酸催化的不对称羟醛反应。与此同时，麦克米伦(MacMillan)通过咪唑啉酮(MacMillan 催化剂)与不饱和醛形成亚胺后迅速与二烯体发生第尔斯-阿尔德反应，随后亚胺水解，释放催化剂完成循环。麦克米伦在第一篇有关二级胺催化有机反应的文章中第一次提出了有机催化(organocatalysis)的概念，开辟了一个全新的化学领域。

与过渡金属催化剂及酶催化剂相比，有机小分子催化剂的优势在于不含金属、制备容易、反应条件温和、稳定性高和环境友好等，符合绿色化工的要求，因而成为近年来的研究热点。

　　脯氨酸结构简单、价格低廉，也是最早发现的一种有机小分子催化剂。根据文献报道，脯氨酸主要催化各种醛酮(醛)之间或分子内的羟醛反应、曼尼希反应、迈克尔加成反应等，不仅产率理想，而且具有较高的立体选择性。

　　羟醛缩合反应也被称为醇醛缩合反应，是指含有活泼 α-氢原子的化合物如醛、酮、羧酸、酯等，在催化剂的作用下与羰基化合物发生亲核加成。该反应能够通过六元环椅式过渡态，立体选择性地形成具有两个新的手性中心的环状或非环状化合物，是形成 C—C 键的一种重要有机合成方法。羟醛反应既可以被酸催化，又可以被碱催化。含有活泼 α-氢原子的化合物在酸性条件下先转变为烯醇式，然后对羰基进行亲核加成，得到 β-羟基化合物；碱性条件下是形成烯醇负离子再与羰基亲核加成，然后从溶剂中夺取质子得到 β-羟基化合物。β-羟基化合物在合适的条件下可进一步消除得到 α, β-不饱和醛酮或酸酯。

　　本实验选择不含 α-氢的对硝基苯甲醛为醛组分，与丙酮进行交叉羟醛反应，催化剂为 L-脯氨酸。

　　有机催化剂 L-脯氨酸作为酸/碱共催化剂同时提供亲核的氨基和羧酸，两种催化官能团对反应中氨基的亲核进攻、醇胺中间体脱水、亚胺离子去质子化、碳碳键形成、中间体水解均有催化作用。

三、实验仪器与试剂

　　实验仪器：圆底烧瓶、电磁搅拌器、布氏漏斗、抽滤瓶、循环水泵、旋转蒸发仪、层析柱、旋光仪、高效液相色谱等。

　　实验试剂：对硝基苯甲醛、丙酮、L-脯氨酸、饱和氯化铵、吡咯烷、饱和氯化钠、无水硫酸镁、200～300 目柱层析硅胶、氯仿、DMSO、石油醚-乙酸乙酯、氘代氯仿、色谱纯异丙醇、色谱纯正己烷等。

四、实验步骤

　　1. 光活 4-(4-硝基苯基)-4-羟基-2-丁酮的制备

　　将 L-脯氨酸(105 mg，0.90 mmol)加入丙酮(2.0 mL)和 DMSO(8.0 mL)混合液中，于室温下搅拌 20 min 后，加入对硝基苯甲醛(453 mg，3.0 mmol)。反应液在室温下搅拌至 TLC 检测对硝基苯甲醛基本消失，将反应混合液倒入饱和氯化铵水溶液(50 mL)中，乙酸乙酯萃取(10 mL×3)。有机相合并后用饱和氯化钠水溶液洗涤(10 mL×2)，无水硫酸镁干燥30 min 后，过滤，用旋转蒸发仪除去乙酸乙酯，浓缩物用少量柱层析流动相(石油醚-乙酸乙酯)稀释备用。选择合适的层析柱，采用湿法装入 200～300 目柱层析硅胶，除去气泡，并压实。将稀释后的浓缩液小心地用滴管加入层析柱上端，并用流动相进行淋洗。用试管收集淋洗液，并用 TLC 进行分析，合并只含有产物的部分，浓缩后称量、计算产率，进行分析和表征。

2. 消旋 4-(4-硝基苯基)-4-羟基-2-丁酮的制备

将对硝基苯甲醛(453 mg，3.0 mmol)、吡咯烷(0.08 mL，0.97 mmol)混合于圆底烧瓶中，加入约 5.0 mL 丙酮。在室温下搅拌至 TLC 检测不到反应物对硝基苯甲醛。用旋转蒸发仪除去丙酮，浓缩物用柱层析分离纯化，得到消旋 4-(4-硝基苯基)-4-羟基-2-丁酮，称量、计算产率。

五、测试与表征

(1) 分别配制 4-(4-硝基苯基)-4-羟基-2-丁酮的光活品和消旋品的氯仿溶液(浓度控制在 0.5 g/mL)，用旋光仪测定比旋光度，与文献对照 $\{[\alpha]_D^{22} = +66.2°$ ($c = 0.5$ g/mL，$CHCl_3$)$\}$，并计算光学纯度。

(2) 分别取少量 4-(4-硝基苯基)-4-羟基-2-丁酮的光活品和消旋品配制成氘代氯仿溶液，测定核磁共振氢谱，并进行比较。

(3) 采用手性高效液相色谱，测定 4-(4-硝基苯基)-4-羟基-2-丁酮的两种光活品的对应选择性，计算 ee%值。

六、注意事项

(1) 商品化的 DMSO 和丙酮含有少量水分，实验前需除水，或采用超干溶剂。

(2) 在生成产物的同时，会发生羟基消除反应，生成 α, β-不饱和酮副产物。

(3) TLC 展开剂中石油醚和乙酸乙酯的比例需要通过实验进行确定。

(4) 溶液的比旋光度计算公式为 $[\alpha] = a/lc$。其中 a 是旋光度，l 是测量时旋光管的长度(dm)，c 是溶液浓度(g/mL)。

(5) 光学纯度 = 产物的比旋光度/标准品的比旋光度。

(6) 高效液相色谱条件可参考文献：手性柱(Daicel Chiralpak AS-H)，流动相为异丙醇：正己烷(体积比 50∶50)，流速为 1.0 mL/min，紫外检测波长为 254 nm，保留时间分别为主产物($R_t = 6.1$ min)，少量产物(另一对映体)($R_t = 7.1$ min)。

(7) ee%值指的是对映体过量(enantionmeric excess)百分率，即对映体组成中一个对映体对另一个对映体过量占总量的百分数。ee%值越大，说明对映体的光学纯度越高。其计算公式为([R]−[S])/([R]+[S])×100%。

七、思考题

(1) 如果将 L-脯氨酸换为 D-脯氨酸，产物的构型有什么变化？解释原因。

(2) 查阅文献，总结脯氨酸催化的反应类型及相关机理。

(3) 影响比旋光度测定的主要因素有哪些？

(4) 除了 ee%值，化学中常用的另一个术语 de%是什么意思？二者有什么区别？

6.8　非过渡金属催化的芳香胺化反应

一、实验目的

(1) 掌握纳米氢氧化镁的制备与表征方法。

(2) 掌握芳香胺化反应的种类和反应机理。

二、实验原理

芳香胺类化合物广泛存在于天然产物、染料、药物、农药、日用化学品、电子材料中。因此，芳香胺化即芳基碳氮键的形成是有机合成方法学中一个重要的研究领域。目前芳香胺化主要有两大类合成方法：一类是过渡金属催化的芳基碳氮键形成，如钯、铜等过渡金属参与的芳基卤代物碳氮键偶联反应等；另一类是非过渡金属催化的芳基碳氮键形成反应，如 S_NAr 反应等。前者主要的问题是钯催化剂价格昂贵且需要复杂的配体，铜催化剂对价格低廉的芳香氯代物效果较差。随着绿色化学和原子经济性概念的引入，寻找更绿色、更高效、更环保的方法来实现碳氮键的交叉偶联反应不仅是该领域的一个新动向，而且是化学工业绿色化进程中一个新的挑战性课题。

纳米材料是指由 $10^{-9} \sim 10^{-7}$ m 尺寸为基本单元的材料。由于其特殊的尺寸，纳米材料表现出与常规尺寸材料不同的五大效应：体积效应、表面效应、量子尺寸效应、宏观量子隧道效应和介电域效应，从而在光、电、磁和催化等领域展现出独特的性能。纳米氢氧化镁是一种无毒、无腐蚀性，具有良好热稳定性的环境友好型纳米材料，在阻燃、脱硫、水处理等方面得到了广泛应用。本实验以 2,4-二氯嘧啶为底物，在纳米氢氧化镁的催化下与 25%氨水反应，选择性制备 2-氯-4-氨基嘧啶。

三、实验仪器与试剂

实验仪器：超声波仪器、聚四氟乙烯微波反应釜、微波反应仪、三口烧瓶、恒压滴液漏斗、旋转蒸发仪、电热套、机械搅拌器、熔点仪等。

实验试剂：2,4-二氯嘧啶、N-甲基吡咯烷酮(NMP)、吐温-80、氯化镁、氢氧化钠、氯化钠、25%氨水、自制纳米氢氧化镁、乙酸乙酯、无水硫酸钠、六偏磷酸钠、二甘醇、甲醇等。

四、实验步骤

1. 纳米氢氧化镁的制备

室温下，将一定量的表面活性剂吐温-80加入20 mL氯化镁溶液(0.75 mol/L)中，并用超声波仪器使表面活性剂完全溶解，均匀分散后，转移至恒压滴液漏斗中。另取配制好的20 mL氢氧化钠溶液(1.5 mol/L)置另一恒压滴液漏斗中。在配有机械搅拌和水浴的三口烧瓶中预先放入5 mL氯化钠溶液(0.75 mol/L)，开动搅拌器，在水浴温度60℃条件下，将上述两种溶液同时滴加到三口烧瓶中。滴加完毕继续搅拌1 h。混悬液经离心、蒸馏水洗涤多次，直至无氯离子检出为止。将固体在60℃真空干燥6 h，密封保存。

2. 2-氯-4-氨基嘧啶的制备

在50 mL聚四氟乙烯微波反应釜中，分别加入2,4-二氯嘧啶(5 mmol)、25%氨水(10 mmol)、自制的纳米氢氧化镁(5 mmol)和NMP(15 mL)。设置微波反应仪的加热温度为120℃，加热时间为2 h，最大压力2 MPa。待反应结束后，冷却至室温，滤除不溶物。向滤液中加入200 mL饱和NaCl溶液，用乙酸乙酯萃取3次(50 mL×3)，合并有机相后，再用20 mL饱和NaCl溶液洗涤一次，无水硫酸钠干燥20 min。滤除干燥剂，减压浓缩除去溶剂，采用甲醇重结晶得到固体产品。测定熔点并计算产率。

五、测试与表征

1. 纳米氢氧化镁的表征

(1) 粒径分析。配制质量浓度为8%的六偏磷酸钠溶液，加入适量的纳米氢氧化镁产品，超声 20 min 后，使用激光粒度分析仪测定样品的平均粒径和粒径分布。

(2) 形貌分析。使用扫描电子显微镜对样品进行表征，观察并记录样品形貌及大小。

(3) 粉末衍射分析。采用 X 射线衍射(XRD)对制备的纳米氢氧化镁的结构、物相进行分析，得出纳米氢氧化镁的结晶及晶型情况。

2. 产品的结构表征

采用红外光谱与核磁共振氢谱和碳谱对合成产品进行结构表征。

六、注意事项

(1) 氢氧化钠腐蚀性较强，称量和配制溶液时需注意安全。
(2) 离心机使用时需注意平衡，以免损坏仪器。
(3) 聚四氟乙烯微波反应釜为压力容器，使用时应注意密封，并严禁反应液体积超过容积的 1/2。
(4) 氨水的刺激性较强，反应需在通风橱中进行。

七、思考题

(1) 查阅文献，推测纳米氢氧化镁催化芳香胺化的反应机理。
(2) 解释吐温-80 在制备纳米氢氧化镁中的作用。
(3) 分析影响纳米氢氧化镁粒径的主要因素。

6.9　偶氮苯-硫脲催化剂的制备及其光控制的催化活性评价

一、实验目的

(1) 了解智能催化系统的进展和应用。
(2) 了解光控催化剂的机理。
(3) 掌握偶氮苯-硫脲催化剂的制备方法和催化活性测定方法。
(4) 掌握利用核磁共振氢谱计算产物转化率的原理和方法。

二、实验原理

催化剂在化工生产中发挥着重要作用，是化学化工领域长盛不衰的研究领域之一。近年来，由多态催化剂构成的智能催化系统通过利用酸碱化学、机械力、氧化还原反应及光等外部刺激来诱导催化剂状态发生变化，从而实现其功能可控的特性，已引起人们越来越多的兴趣，并在药物递送、靶向治疗等领域具有潜在的应用价值。光作为一种非侵入刺激信号，可通过调节光源强度和波长轻松实现特殊的空间和时间控制，在智能催化系统中独具魅力。例如，通过在分子主链中引入螺吡喃或二噻吩等光开关结构，可实现不同状态之间催化活性的差异。

偶氮苯类化合物存在 *E/Z* 两种异构体。由于共轭 π 体系的存在，偶氮苯的 *E/Z* 两种异构体在紫外光或可见光照射下可发生相互转变。将偶氮苯结构作为分子开关引入催化剂中，并改变催化中心附近的空间位阻或活性单元可实现光控催化剂的解离-聚集状态。将硫脲和路易斯碱放置在偶氮苯结构中形成的偶氮苯-硫脲催化剂可以通过分子内氢键的变化实现催化剂活性的"开"-"关"(图 6-2)。

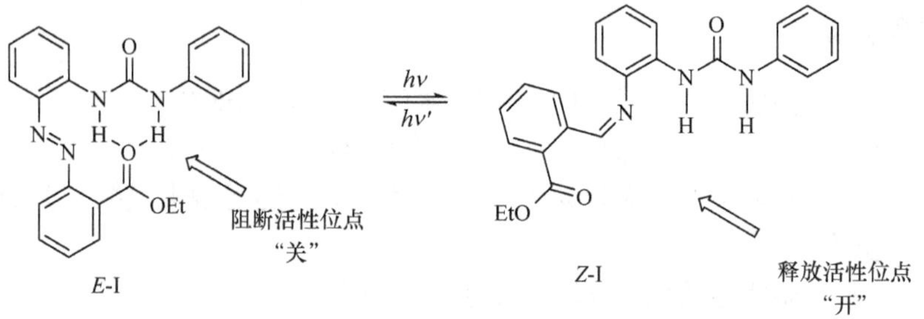

图 6-2 催化活性"开"-"关"机理

本实验以苯胺衍生物为原料，通过氧化、偶氮化、脱保护等多步反应先制备具有光开关作用的偶氮苯片段(**5**)。

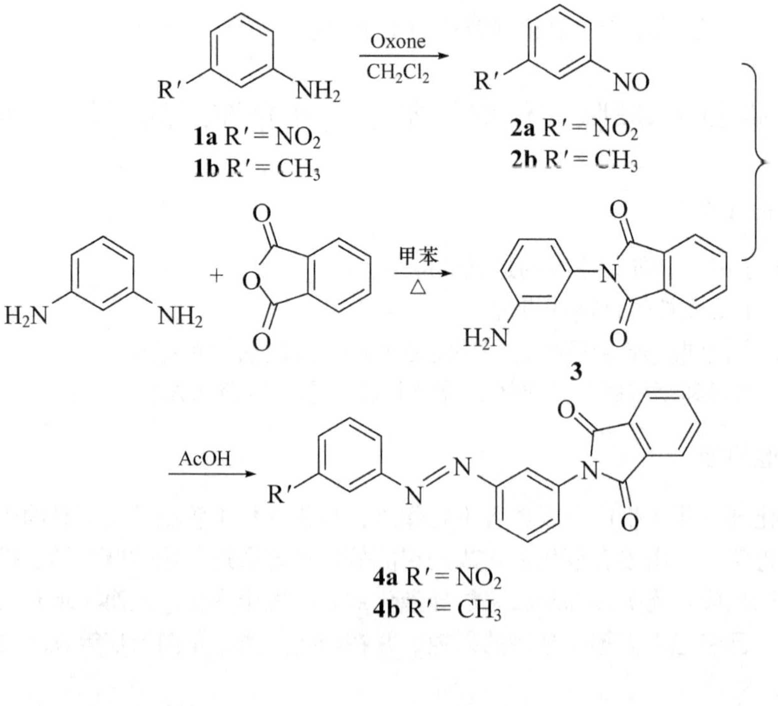

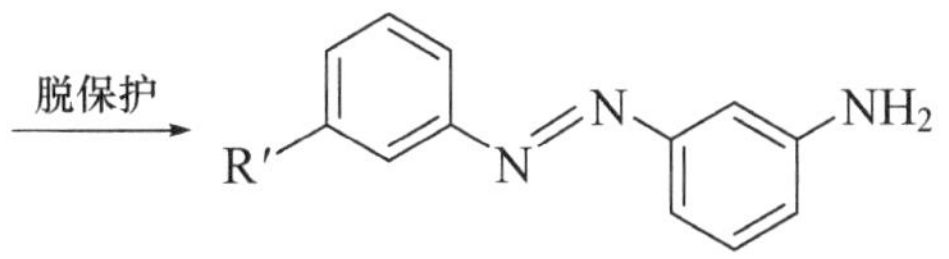

5a R′ = NO₂
5b R′ = CH₃

偶氮苯片段(**5**)再与硫代光气的产物硫代异氰酸酯(**7**)反应得到偶氮苯-硫脲催化剂。

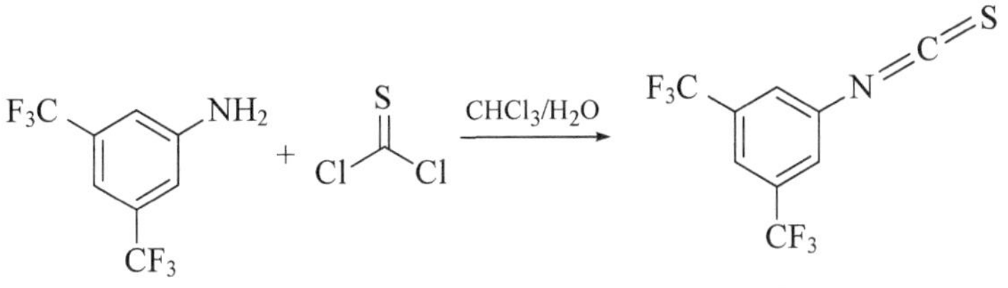

6　　　　　　　　　　　　**7**

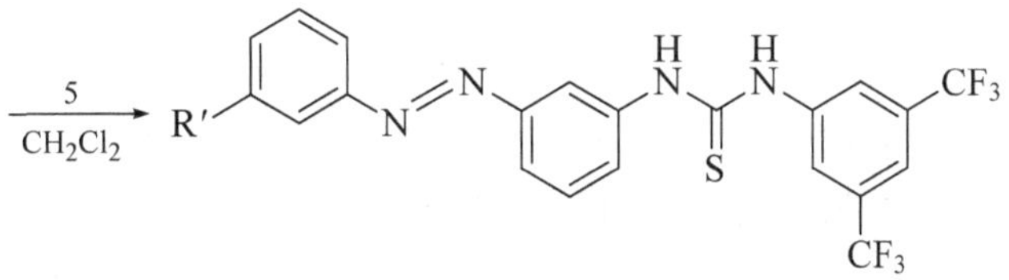

Ⅰ R′ = NO₂
Ⅱ R′ = CH₃

三、实验仪器与试剂

实验仪器：三口烧瓶、温度计、冷凝管、5 mL 量筒、50 mL 锥形瓶、250 mL 分液漏斗、圆底烧瓶(25 mL、50 mL)、布氏漏斗、抽滤瓶、循环水泵、薄层色谱、紫外灯、点样毛细管、快速层析柱、旋转蒸发仪、天平、核磁管、核磁共振仪等。

实验试剂：间硝基苯胺、间甲基苯胺、间苯二胺、3,5-二(三氟甲基)苯胺、硫代光气、二氯甲烷、氯仿、石油醚、乙酸乙酯、正己烷、环己烷、无水硫酸钠、无水硫酸镁、碳酸钠、氯化钠、碳酸氢钠、氢氧化钠、过氧硫酸氢钾复合盐(组成为 2KHSO₅·KHSO₄·K₂SO₄)(Oxone)、盐酸、邻苯二甲酸酐、水合肼、三乙胺、甲苯、乙酸、正丁醇、1,2-二氨基乙烷、乙腈、蒸馏水、3-溴-β-硝基苯乙烯、2,4-丁二酮、柱层析硅胶(300～400 目)、氘代甲苯、氩气等。

四、实验步骤

1. 偶氮苯片段的合成

(1) 1-硝基-3-亚硝基苯(**1a**)的合成。将间硝基苯胺(2.36 g)溶于二氯甲烷(52 mL)中，加入氧化剂 Oxone(21.02 g)的水溶液(207 mL)。二者混合后于室温下剧烈搅拌至 TLC 检测反应完全(约 1 h)。分出有机相，水相用二氯甲烷萃取(30 mL×2)，合并有机相分别用 1 mol/L 稀盐酸(30 mL)、饱和碳酸氢钠溶液(30 mL)、饱和氯化钠溶液(30 mL)洗涤后，用无水硫酸镁干燥。抽滤，除去干燥剂后浓缩得到浅绿色固体即为产物 1-硝基-3-亚硝基苯(几乎为定量反应)。

(2) 1-甲基-3-亚硝基苯(**1b**)的合成。将间甲基苯胺(0.3 g)溶于二氯甲烷(8.5 mL)中，加入氧化剂 Oxone(1.72 g)的水溶液(17 mL)。二者混合后于室温下剧烈搅拌至 TLC 检测反应完全(约 1 h)。分出有机相，水相用二氯甲烷萃取(10 mL×2)，合并有机相分别用 1 mol/L 稀盐酸(10 mL)、饱和碳酸氢钠溶液(10 mL)、饱和氯化钠溶液(10 mL)洗涤后，用无水硫酸镁干燥。抽滤，除去干燥剂后浓缩得到浅绿色固体即为产物 1-甲基-3-亚硝基苯。

(3) 2-(3′-氨基苯基)-异吲哚啉-1,3-二酮(**3**)的合成。在装配有分水器的圆底烧瓶中将间苯二胺(1.0 g)与甲苯混合均匀，加入邻苯二甲酸酐(1.34 g)后加热回流 8 h。将反应液冷却后用水稀释，分出有机相，水相用二氯甲烷萃取(50 mL×3)。合并有机相后用无水硫酸镁干燥 10 min，抽滤除去干燥剂，滤液浓缩得到棕色固体。固体粗品用快速柱层析分离纯化(300~400 目硅胶，流动相为二氯甲烷-乙酸乙酯)得到纯品。

(4) E-2-(3-[(3′-硝基苯基)偶氮]苯基)异吲哚啉-1,3-二酮(**4a**)的合成。将 1-硝基-3-亚硝基苯(1.92 g)溶解于乙酸(87 mL)中，加入 2-(3′-氨基苯基)-异吲哚啉-1,3-二酮(2.5 g)，反应混合物在室温下搅拌过夜，有棕色沉淀析出。抽滤，滤饼先用蒸馏水(100 mL)洗涤，再用饱和碳酸钠溶液(100 mL)洗涤。弃去滤液和洗涤液，滤饼再用二氯甲烷洗涤(100 mL×6)。收集合并有机洗液，用无水硫酸镁干燥约 10 min 后，抽滤除去干燥剂，滤液浓缩得到棕色固体即为产品。该产品不需纯化可直接用于下一步反应。

(5) E-2-(3-[(3′-甲基苯基)偶氮]苯基)异吲哚啉-1,3-二酮(**4b**)的合成。将 1-甲基-3-亚硝基苯(0.17 g)溶解于乙酸(10 mL)中，加入 2-(3′-氨基苯基)-异吲哚啉-1,3-二酮(0.28 g)，反应混合物在室温下搅拌至 TLC 检测反应完全。将反应混合液倒入饱和碳酸氢钠溶液中，用乙酸乙酯萃取(15 mL×3)。合并有机相，再分别用饱和碳酸氢钠溶液和饱和氯化钠洗涤(10 mL×2)，无水硫酸镁干燥约 10 min 后，抽滤除去干燥剂，滤液浓缩得到粗产品。粗产品经快速柱层析纯化(300~400 目硅胶，流动相为石油醚-乙酸乙酯)。

(6) *E*-3-[(3′-硝基苯基)偶氮]苯胺(**5a**)的合成。在装配有冷凝管和温度计的三口烧瓶(250 mL)中，将制备好的 *E*-2-(3-[(3′-硝基苯基)偶氮]苯基)异吲哚啉-1,3-二酮粗品(1.6 g)溶解于正丁醇(86 mL)中，加入 1,2-二氨基乙烷(2.87 mL)，将混合物加热至 90℃并搅拌至 TLC 检测反应完全。减压除去溶剂后，向剩余物中加入蒸馏水(40 mL)，二氯甲烷萃取(30 mL×3)。合并有机相，用饱和氯化钠溶液洗涤(10 mL×2)后，用无水硫酸镁干燥 10 min。除去干燥剂后浓缩得到粗品。经快速柱层析(300~400 目硅胶，流动相为石油醚-乙酸乙酯，含 2.5%三乙胺)纯化得到偶氮苯产品。

(7) *E*-3-[(3′-甲基苯基)偶氮]苯胺(**5b**)的合成。在 25 mL 圆底烧瓶中，将制备好的 *E*-2-(3-[(3′-甲基苯基)偶氮]苯基)异吲哚啉-1,3-二酮(0.18 g)溶解于乙腈(5 mL)中，加入水(5 mL)和(64%~65%)水合肼溶液(0.25 mL)。将反应液在室温下剧烈搅拌至 TLC 检测原料消失。向反应液中加入含有氢氧化钠(0.06 g)的水溶液 1 mL，继续搅拌约 2 h。将反应液用水稀释后，用乙酸乙酯萃取(10 mL×3)，有机相用无水硫酸镁干燥约 10 min。除去干燥剂后浓缩得到偶氮苯产品。

2. 硫代异氰酸酯(7)的合成

将硫代光气(100 mg)悬浮于蒸馏水(1 mL)中，用冰水浴冷却至 15℃。另将 3,5-二(三氟甲基)苯胺(90 mg)溶解于 0.5 mL 氯仿后加入上述水溶液中并搅拌约 4 h。TLC 检测至反应结束，将反应混合液加入 10%盐酸溶液中(约 10 mL)，分出有机相，水相用二氯甲烷萃取(10 mL×3)，合并有机相，用饱和氯化钠溶液洗涤 2 次(10 mL×2)，无水硫酸钠干燥约 10 min 后抽滤除去干燥剂，滤液浓缩得到黄色油状物即为产品硫代异氰酸酯(7)。无需纯化即可用于下一步反应。

3. 催化剂(Ⅰ)和催化剂(Ⅱ)的制备

(1) 催化剂(Ⅰ)的制备。在氩气保护下，将间硝基偶氮苯片段(**5a**)(0.35 g)溶于干燥二氯甲烷(7.2 mL)中，然后向其中滴加硫代异氰酸酯(288 μL)。反应混合物在室温下搅拌至 TLC 检测偶氮苯原料消失(约 5 h)，减压除去溶剂，剩余物用石油醚-乙酸乙酯混合溶剂重结晶得到催化剂(Ⅰ)。

(2) 催化剂(Ⅱ)的制备。在氩气保护下，将间甲基偶氮苯片段(**5b**)(0.09 g)溶于干燥二氯甲烷(2.1 mL)中，然后向其中滴加硫代异氰酸酯(86 μL)。反应混合物在室温下搅拌至 TLC 检测偶氮苯原料消失(约 6 h)，减压除去溶剂，剩余物用二氯甲烷-环己烷混合溶剂重结晶得到催化剂(Ⅱ)。

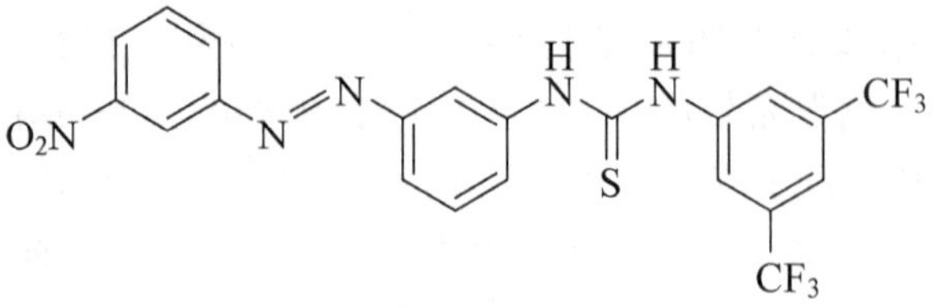

催化剂 Ⅰ

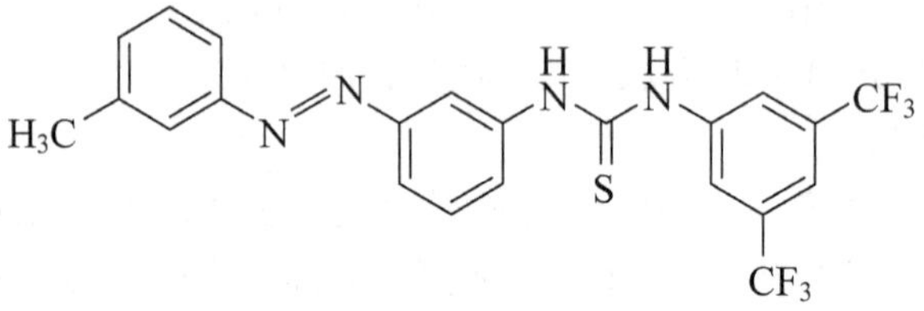

催化剂 Ⅱ

五、测试与表征

1. 光异构化实验

分别配制催化剂(Ⅰ)和催化剂(Ⅱ)的二氯甲烷溶液(25 μmol/L)，用紫外-可见分光光度计测试无紫外光照射和 365 nm 紫外光原位照射 1 min、3 min 和 6 min 后的紫外-可见吸收光谱，分析其变化规律和原因。

2. 催化剂活性测试

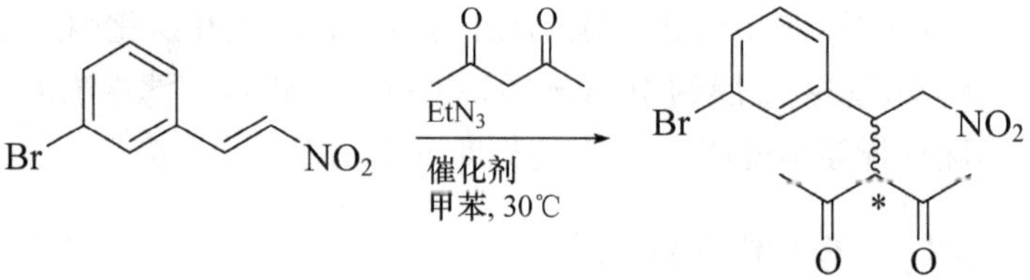

1) "开" 反应

将催化剂(0.65 g)与反式 3-溴-β硝基苯乙烯(14.5 mg)加入核磁管中，然后加入配制好的浓度为 12.47 mmol/L 的三乙胺的氘代甲苯溶液(0.5 mL)使二者溶解。最后加入 2,4-丁二酮(20 μL)，在黑暗处于 30℃加热，每 30 min 记录一次核磁共振氢谱。分别在无光照和 365 nm 光照条件下，考察催化剂(Ⅰ)和催化剂(Ⅱ)在 2,4-丁二酮与硝基烯烃的迈克尔加成反应中的催化活性。并研究两种催化剂受紫外光照射后的结构变化。

2) "关" 反应

将催化剂(0.65 g)加入核磁管中，然后加入配制好的浓度为 12.47 mmol/L 的三乙胺的氘代甲苯溶液(0.5 mL)使二者溶解。将混合液用 365 nm 波长的紫外灯照射

2.5 h 后，加入反式 3-溴-β-硝基苯乙烯(14.5 mg)和 2,4-丁二酮(20 μL)。将核磁管加热至 30℃后，每隔 2 h 记录一次核磁共振氢谱。

六、注意事项

(1) 水合肼毒性较大，在使用时需要注意防护。

(2) 硫代光气具有刺激性气味，且有毒，应在通风橱中进行反应，并佩戴好护目镜和手套。

(3) 3-溴-β-硝基苯乙烯发生反应后，其核磁共振氢谱中 δ 6.78 ppm(苄位烯烃质子)的信号会逐渐消失。同时迈克尔加成产物中处于两个羰基中间的质子信号出现在 δ 3.72 ppm，且该质子受到苄位质子的偶合而裂分为双重峰。通过两种质子的积分面积就可以计算出产物的转化率(图 6-3)。

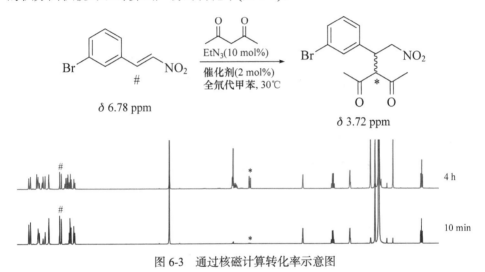

图 6-3　通过核磁计算转化率示意图

七、思考题

(1) 在第一步用 Oxone 氧化反应中为什么要进行剧烈搅拌?

(2) 试画出硫代光气制备化合物(7)的可能机理。

(3) 间苯二胺与邻苯二甲酸酐反应除了生成预期产物外，还有可能生成什么副产物?

(4) 分别画出催化剂(Ⅰ)和催化剂(Ⅱ)的 Z 构型结构。

第 7 章　绿色产品综合性实验

7.1　双酚 A 环氧树脂的制备、表征及黏合性能测试

一、实验目的

(1) 掌握双酚 A 环氧树脂的制备、固化过程及其表征方法。

(2) 了解环氧树脂反应及固化的一般原理、结构和应用。

二、实验原理

环氧树脂是指高分子链上至少含有两个具有反应活性的环氧基团的聚合物，经固化后有许多突出的优异性能，如对各种材料特别是对金属的黏着力大、耐化学腐蚀性好、力学强度高、电绝缘性好等，因而具有许多非常重要的用途，广泛用于黏合剂、涂料、复合材料等方面。

环氧树脂的种类繁多，通常所说的环氧树脂是指产量最大、使用最广的双酚 A 环氧树脂。它是由双酚 A 和环氧氯丙烷在氢氧化钠作用下生成的。

式中，n 一般为 $0\sim25$。在环氧树脂的结构中有羟基、醚键和极为活泼的环氧基存在。羟基、醚键有高度的极性，使环氧分子与相邻界面产生了较强的分子间作用力，而环氧基团则与介质表面，特别是金属表面上的游离基团发生反应，形成化学键。

环氧树脂在未固化前是呈热塑性的线型结构，使用时必须加入固化剂，固化剂与环氧树脂的环氧基等反应，变成网状结构的大分子，形成热固性成品。使用的固化剂种类不同，其交联反应也不同。例如，室温下能固化的乙二胺按下列反应进行：

$$H_2N-CH_2CH_2NH_2 + \underset{O}{\triangle}\bullet \longrightarrow$$

乙二胺的用量按式(7-1)计算:

$$m = \frac{M}{n} \times E = 15E \tag{7-1}$$

式中, m 为每 100 g 环氧树脂所需乙二胺的质量; M 为乙二胺的分子量; n 为乙二胺上活泼氢的总数; E 为环氧树脂的环氧值。

　　实际使用量比理论计算值多 10%左右。固化剂用量对成品的机械性能影响很大,必须控制适当。固化剂的用量通常由树脂的环氧值以及所用固化剂的种类来决定。环氧值是指每 100 g 树脂中所含环氧基的摩尔数。应当把树脂的环氧值和环氧摩尔质量区别开,两者关系如下:

$$环氧值 = \frac{100}{环氧摩尔质量} \tag{7-2}$$

环氧摩尔质量即为含 1 mol 环氧基时树脂的质量(g)。

　　本实验以乙二胺为固化剂制备环氧 618 树脂。乙二胺分子中有活泼氢原子,它的作用是将环氧键打开,生成氧负离子,如此反应下去,达到交联固化的目的。

三、实验仪器与试剂

　　实验仪器:加热搅拌器、500 mL 三口烧瓶、回流冷凝管、恒压滴液漏斗、磁力搅拌子、漏斗、50 mL 烧杯、减压装置、量筒、温度计、小试管。

　　实验试剂:双酚 A、环氧氯丙烷、盐酸、丙酮、乙二胺、氢氧化钠、去离子水、光谱纯溴化钾、酚酞指示剂等。

四、实验步骤

1. **双酚 A 环氧树脂的制备**

　　在 500 mL 三口烧瓶上装好搅拌器、回流冷凝管和温度计。加入 11.4 g(0.05 mol)双酚 A、46.5 g(0.5 mol)环氧氯丙烷、0.25~0.5 mL 去离子水。称取 4.1 g(0.11 mol)NaOH,先加入 1/10 量的 NaOH 并开动搅拌,缓慢加热至 80~90℃。反应放热且有白色物质(NaCl)生成。维持反应温度在 90℃。约 10 min 后再加入 1/10 量的 NaOH,以后每隔 10 min 加一次 NaOH,每次都加 NaOH 总量的 1/10,直至将 4.1 g

NaOH 全部加完。继续反应 25 min 后结束反应。产物为浅黄色。将反应液过滤除去 NaCl，减压下蒸馏除去过量的环氧氯丙烷(回收)(60～70℃)。停止蒸馏，将剩余物趁热倒入小烧杯中，得到淡黄色、透明、黏稠的环氧 618 树脂，产量约 15 g。

2. 环氧树脂的固化

在 50 mL 烧杯中加入上述环氧 618 树脂 5 g，搅拌下加入 0.5 g(树脂质量的 10%)乙二胺。取出 2.5 g 树脂倒入一干燥的小试管或其他小容器(如瓶子的内盖)中，在 40℃水浴下放置 2 h，观察现象。

五、测试与表征

1. 环氧树脂的表征

将得到的环氧树脂加入光谱纯溴化钾，研磨后，进行红外测试，对红外光谱图的数据进行分析，确定环氧的主要特征吸收峰。

2. 用环氧树脂黏合纸片

用玻璃棒将环氧树脂均匀涂于纸条一端，面积约 1 cm²。涂层约 0.2 mm 厚，不宜过厚。将另一纸条轻轻贴上，小心固定，于室温放置 48 h 后观察实验现象。

3. 环氧树脂的环氧值的计算

环氧值是环氧树脂的重要性能指标，可用于鉴定环氧树脂的质量，或计算固化剂的用量。

采用盐酸丙酮法，并按照式(7-3)计算该侧链的环氧树脂的环氧值。在锥形瓶中称取 0.482 g 环氧树脂，准确吸取 15 mL 盐酸-丙酮溶液，静置 1 h，然后加入两滴酚酞指示剂，用 0.1 mol/L 标准 NaOH 溶液进行滴定至粉红色，且 30 s 内不褪色。消耗 NaOH 的体积为 V_2，同时，按上述条件进行空白试验，消耗 NaOH 的体积为 V_1，则环氧值为

$$E = \frac{(V_1 - V_2)c_{NaOH}}{m} \times \frac{100}{1000} \tag{7-3}$$

六、注意事项

(1) 盐酸-丙酮法：盐酸-丙酮法是测定环氧值的最常用方法之一。配制盐酸-丙酮溶液：取 1 单位体积的盐酸(分析纯)，加入到 40 单位体积的丙酮(分析纯)中，摇匀后置于贴有相应标签的试剂瓶中，加盖待用。

(2) 双酚 A 环氧树脂的制备中开始反应的温度上升要尽量慢，环氧氯丙烷开

环是放热反应，反应液温度会自动升高。

七、思考题

(1) 反应体系中，NaOH 的分步加入有什么好处？能否一次性加入 NaOH，为什么？

(2) 实际加入的乙二胺是理论量的 1.1 倍，如果多于或少于该比例，树脂会发生怎样的变化？请定性描述。

(3) 写出使用二元酸、二元酸酐、多元胺、二异氰酸酯以及酚醛树脂为固化剂时环氧树脂的固化反应。

7.2　乙酸乙烯酯的乳液聚合及其涂料配制和性能测定

一、实验目的

(1) 了解自由基型加聚反应的原理和乳液聚合的方法。
(2) 了解乳胶涂料的特点及其配制方法。

二、实验原理

聚乙酸乙烯乳胶涂料(polyvinyl acetate latex paint)为白色黏稠液体，可加入各色色浆配成不同颜色的涂料。主要用于建筑物的内外墙涂饰。该涂料以水为溶剂，所以具有安全无毒、施工方便的特点，易喷涂、刷涂和滚涂，干燥快、保色性好、透气性好，但光泽较差。

在本实验中，聚乙酸乙烯酯乳液的制备是以过硫酸铵为引发剂，以 OP-10 和聚乙烯醇为乳化剂，按典型的乳液聚合方法制成：

$$n \begin{array}{c} H_2C = CH \\ | \\ COCH_3 \\ \| \\ O \end{array} \xrightarrow[\text{聚乙烯醇}]{(NH_4)_2S_2O_8, OP-10} \left(\begin{array}{c} H_2C - CH \\ | \\ COCH_3 \\ \| \\ O \end{array} \right)_n$$

聚合后的乳液以微胶粒(0.1～1.0 μm)的状态分散在水中。当其涂刷在物体表面时，随着水分的挥发，微胶粒互相挤压会形成均匀、连续、干燥的涂膜。配制涂料时，除了能够形成涂膜的主要成膜物质外，还要配入辅助成膜物质、颜料、填料以及各种助剂，如分散剂、增稠剂、增塑剂、消泡剂和成膜助剂等。

三、实验仪器与试剂

实验仪器：三口烧瓶、电动搅拌器、温度计、回流冷凝管、滴液漏斗、高速搅拌机、搪瓷或塑料杯、调漆刀、漆刷等。

实验试剂：乙酸乙烯酯、聚乙烯醇、乳化剂(OP-10)、去离子水、过硫酸铵、碳酸氢钠、邻苯二甲酸二丁酯、六偏磷酸钠、丙二醇、钛白粉、滑石粉、碳酸钙、磷酸三丁酯。

四、实验步骤

(1) 聚乙烯醇的溶解。在装有电动搅拌器、回流冷凝管和接有温度计及滴液漏斗的 250 mL 三口烧瓶中先加入 50 mL 去离子水和 0.5 g 乳化剂 OP-10。开动搅拌，再缓慢加入 3 g 聚乙烯醇，搅拌 15 min 后，加热升温至约 85℃，在此温度下搅拌约 2 h，直至聚乙烯醇全部溶解，然后降温至 60℃以下。

(2) 将 0.3 g 过硫酸铵溶于水中，配成 5%的溶液。

(3) 聚合。把 10 g 蒸馏过的乙酸乙烯酯和 2 mL 5%过硫酸铵溶液加至上述三口烧瓶中，搅拌至充分乳化后，水浴加热至瓶内温度达到 65～75℃。直至回流减慢而温度达到 80℃时，用滴液漏斗在 2～3 h 内缓慢地、按比例地滴加 34 g 乙酸乙烯酯和余量的过硫酸铵溶液，整个反应过程中应控制好反应温度在(80±2)℃范围内，并不停搅拌。加料完毕后升温至 90～95℃，并在此温度下继续搅拌 0.5 h，至回流液基本消失，将反应物料移入烧杯中并冷却至 50℃。加入 2～4 mL 5%碳酸氢钠溶液，调节 pH 至 5～6。然后缓慢加入 5 g 邻苯二甲酸二丁酯，并搅拌冷却1 h，即得白色黏稠状的聚乙酸乙烯酯乳液。

(4) 乳液涂料的配制。在烧杯中加入 20 g 去离子水、5 g 10%六偏磷酸钠溶液以及 2.5 g 丙二醇，开动高速搅拌机，逐渐加入 18 g 钛白粉、8 g 滑石粉和 6 g 碳酸钙，搅拌分散均匀后加入 0.3 g 磷酸三丁酯，继续快速搅拌 10 min，然后在慢速下加入 40 g 聚乙酸乙烯酯乳液，直至搅匀，即得白色涂料。成品要求外观为白色稠厚流体，固含量达 50%，干燥时间为 25℃表干 10 min、实干 24 h。

五、测试与表征

(1) 涂刷水泥石棉样板，观察干燥速度，测定白度、光泽，并做耐水性试验。

(2) 制备好做耐湿擦性的样板，做耐湿擦性试验。

六、注意事项

(1) 制备乳胶漆通常使用去离子水，以保证分散体系有较好的稳定性。

(2) 聚乙烯醇溶解速度较慢，能否顺利溶解与实验操作有很大关系。不适当的操作会导致聚乙烯醇结块而影响溶解。

(3) 为了使反应能平稳地进行，并制得聚合度适当的乳液，滴加单体的速度要均匀，可根据温度和回流情况来调节加料速度。过硫酸铵水溶液数量少，注意均匀、按比例地与单体同时加完。

(4) 因为乙酸乙烯酯较容易水解而产生乙酸(和乙醛)，使乳液 pH 降低，影响乳胶的稳定性，故须加入碳酸氢钠中和。

(5) 在搅匀颜料、填充料时，若黏度太大难以操作，可适量加入乳液至能搅匀为止。

(6) 最后加乳液时，必须控制搅拌速度，防止产生大量泡沫。

七、思考题

(1) 聚乙烯醇在反应中起什么作用？为什么要与乳化剂 OP-10 混合使用？

(2) 为什么大部分的单体和过硫酸铵用逐步滴加的方式加入？

(3) 过硫酸铵在反应中起什么作用？其用量过多或过少对反应有什么影响？

(4) 为什么反应结束后要用碳酸氢钠调节 pH 至 5～6？

(5) 试说出配方中各种原料所起的作用。

(6) 在搅拌颜料、填充料时为什么要高速均质搅拌？用普通搅拌器或手工搅拌对涂料性能有什么影响？

7.3 温度及 pH 双重响应的互穿聚合物网络微凝胶光子晶体的制备

一、实验目的

(1) 了解互穿聚合物网络微凝胶的结构特点、性质和制备方法。

(2) 了解响应性微凝胶的结构和性能表征方法。

二、实验原理

互穿聚合物网络(interpenetrating polymer networks，IPN)是由两种或两种以上交联聚合物相互贯穿而形成的聚合物共混网络体系。与接枝或嵌段共聚物不同，IPN 中不同的聚合物并未发生化学结合，而是存在各自的相，属于相分离结构。但是 IPN 网络之间的相互缠结提高了各种分子链的相容性，增加了网络密度，使相组织细微化并增加了相间结合力。导致这种相分离是微相分离，从而赋予了 IPN 所谓的"强迫相容性"，达到均聚物或其他高分子聚合物难以达到的效果。另外，IPN 的力学性能符合共混体系的一般规律，但是当两组分存在强相互作用时，其性能和组成关系往往是非单调的。在一定的组成范围内，IPN 的力学性能可以超过任一纯组分而出现协同反应，因此 IPN 还可通过改变原料、组分配比和加工工艺等制备具有预期性能的高分子材料。在塑料增韧、橡胶增强、阻尼减震、药物缓释等多个领域具有广泛的应用。

IPN 的制备方法主要分为分步法、同步法和乳液聚合法三种。分步法是先制备交联聚合物网络 A(第一网络)，再将其置于含有引发剂和交联剂的另一种单体 B(预聚体)中充分膨胀，然后使单体 B 聚合并与第一网络形成互穿网络。例如，在熔融的氰酸酯树脂(CE)中加入苯乙烯预聚体，搅拌均匀后固化得到聚苯乙烯/CE 半互穿聚合物网络。同步法是将两种或多种单体混合后，在相同的条件下按各自的聚合交联进行反应，形成同步互穿网络。甲苯二异氰酸酯(PU)、乙烯基酯树脂(VER)与引发剂混合后聚合得到 PU/VER 互穿聚合物网络。同步法除了要求两种或多种聚合物反应互不干扰外，还要求其具有大致相同的聚合条件与聚合速率，否则会导致网络贯穿不充分，材料性能不好，因此同步法的应用范围较窄。为了克服分步法和同步法制备过程中互穿网络与构件同步成型的局限性，又发展了乳液聚合法，即先将单体 I 在乳化剂中聚合形成 "种子" 胶粒，然后与单体 II 的聚合体系混合，使单体 II 聚合形成互穿网络结构。乳液聚合得到的 IPN 具有较好的流动性，有利于聚合物的成型加工。例如，先在乳化剂中制备聚二甲基硅氧烷(PDMS)，再将其溶胀于丙烯酸丁酯(BA)中聚合形成聚二甲基硅氧烷/聚丙烯酸丁酯(PDMS/PBA)的 IPN 结构。

IPN 的相分离程度主要取决于组分之间的相容性，也与制备过程和反应程度有一定关系。相容性好则分散相尺寸小，分布均匀，从而形成细胞状结构、界面互穿和双相连续等特有的形态。随着第二网络的聚合并发生相分离，IPN 形成一种类似细胞状的结构，该结构以第一网络为 "细胞壁"，第二网络为 "细胞质"。通常情况下 IPN 的两相互穿是超分子尺度上的，并不是真正的分子层面的互穿。因此，其网络互穿主要集中在相界面区域。而界面互穿与强迫相容性又导致两相之间存在一定的热力学相容，从而使两相具有连续性。IPN 的界面相所占比例很高，具有疏松的结构，并可能导致出现相应的玻璃化转变。具有多相结构的 IPN 存在对应两组分的玻璃化转变温度(T_g)，但两个 T_g 又不同程度地相互靠近，使玻璃化转变区域拓宽，松弛时间谱甚至融合成一个峰，因此常用扫描电子显微镜(SEM)和差示扫描量热(DSC)法来观察和分析 IPN 的形态结构。

随着智能微凝胶研究的深入，温度、pH 等单一响应微凝胶越来越难满足生物传感器、药物控释等领域的特殊应用要求，因此开发能同时响应两种刺激的智能微凝胶是高分子材料研究的重要方向。但是无规共聚法得到的温度、pH 响应微凝胶中 pH 组分会减弱温度组分的响应性，甚至失去对温度的响应性；核壳结构法则由核或壳一方发生相变总会影响另一方，特别是壳层塌缩对核的相变影响最大。而互穿聚合物网络中两相保持相对的独立性，二者之间的相互干扰较小，有望克服上述缺陷。

本实验通过种子乳液聚合法制备具有温度和 pH 双重敏感性的互穿聚合物网络微凝胶,用傅里叶变换红外光谱和透射电子显微镜分别表征微凝胶的化学组成和 IPN 结构;采用动态激光光散射(DLLS)研究其对温度和 pH 的响应性及影响因素。将制备的微凝胶通过自组装得到光子晶体阵列,并对其进行反射光谱分析和色度学测量。

三、实验仪器与试剂

实验仪器:100 mL 四口烧瓶、温度计、电磁搅拌器、氮气保护系统、烧杯、真空干燥箱、层析柱、截留分子量 14000 的透析袋、傅里叶变换红外光谱仪、扫描电子显微镜、动态激光光散射仪等。

实验试剂:N-异丙基丙烯酰胺(NIPAM)、N,N′-亚甲基双丙烯酰胺(MBA)、十二烷基硫酸钠(SDS)、丙烯酸(AA)、四甲基乙二胺(TEMED)、过硫酸钾(KPS)、过硫酸铵(APS)、甲苯、环己烷、甲醇、乙醇、酸性氧化铝填料、去离子水、氢氧化钠、盐酸、浓硫酸、过氧化氢等。

四、实验步骤

1. 试剂的处理

N-异丙基丙烯酰胺用甲苯:环己烷(体积比 60∶40)混合溶剂重结晶,并在 25℃真空干燥箱中干燥;N,N′-亚甲基双丙烯酰胺用甲醇重结晶,并在 25℃真空干燥箱中干燥;丙烯酸用酸性氧化铝层析柱除去阻聚剂;过硫酸钾和过硫酸铵用乙醇重结晶纯化。

2. 聚(N-异丙基丙烯酰胺)(PNIPAM)微凝胶分散液的制备

取 0.95 g 单体 NIPAM、0.017 g 交联剂 MBA、0.025 g 乳化剂 SDS 加入含有 60 mL 去离子水的 100 mL 四口烧瓶中。在氮气气氛中搅拌至完全溶解。升温至 70℃后,加入含有 0.0415 g 引发剂 KPS 的水溶液(5 mL),继续在氮气气氛中于 70℃搅拌约 4 h,得到带蓝光的半透明 PNIPAM 微凝胶分散液。

3. PNIPAM/聚丙烯酸(PAA)IPN 微凝胶的制备

取上述制备的 PNIPAM 微凝胶分散液 7 mL,用去离子水稀释 10 倍,置于 100 mL 四口烧瓶中。加入 0.46 g 交联剂 MBA、0.10 g 单体 AA,在氮气气氛中搅拌 1 h 后,快速加入溶解有 0.04 g 引发剂 APS 和 0.04 g 还原剂 TEMED 的去离子水(3 mL),在 23℃搅拌 30 min。将反应乳液装入截留分子量 14000 的透析袋中,于室温下在去离子水中透析一周,得到 PNIPAM/聚丙烯酸 IPN 微凝胶分散液。

4. 光子晶体制备

配制 Piranha 溶液，浓硫酸：过氧化氢 = 8 : 2(体积比)，将载玻片浸泡在该混合溶液中 12 h，对其表面进行亲水化处理。随后，用超纯水将盖玻片清洗干净，氮气吹干备用。将处理过的载玻片用夹子夹好，穿在小木棍上，垂直架于玻璃缸上，并将该玻璃缸置于 30℃、相对湿度 50% 的生物培养箱中。另配制 0.25% 上述 PNIPAM/聚丙烯酸 IPN 微凝胶分散液，超声 20 min 后加入到玻璃缸内，使溶液在该稳定条件下，匀速挥发至溶液彻底挥发。小球通过表面张力慢慢自组装于载玻片上，可获得具有面心立方结构和良好机械强度的光子晶体阵列。

五、测试与表征

(1) PNIPAM/聚丙烯酸 IPN 微凝胶的结构表征。将透析后的微凝胶分散液涂于 KRS-5 晶片上，烘干后用傅里叶变换红外光谱仪测定其红外光谱。将透析后的微凝胶分散液用去离子水稀释后滴在载玻片上，自然干燥后喷金处理，用扫描电子显微镜观察其形状和粒径大小及分布情况。

(2) PNIPAM/聚丙烯酸 IPN 微凝胶的性能表征。将透析后的微凝胶分散液用去离子水稀释后，用浓度为 0.1 mol/L 的氢氧化钠或盐酸水溶液调节 pH 后置于样品池中。在控温精度为 ±0.01℃ 的外置恒温水浴中，用动态激光光散射仪测试不同 pH 或不同温度下微凝胶的水动力学直径(D_H)。激光波长 532 nm，散射角 90°。每一温度下测试至少平衡 15 min，取 3 次测试结果的平均值为微凝胶的 D_H。

(3) 光子晶体反射光谱分析。将制备的光子晶体阵列放置在参考瓦上，将光纤探头与其垂直，测量其反射光谱，观察其禁带位置。

(4) 光子晶体色度学测量。将制备的光子晶体阵列放置在参考瓦上，积分球至于上方，测量其结构色。

六、注意事项

(1) 为了使单体 AA 或由其形成的 PAA 低聚物在第二步合成中能容易进入 PNIPAM 微凝胶种子内部进行聚合反应，第一步合成的微凝胶种子的交联度不能太高。

(2) 聚合反应为氧化-还原引发的，所以制备过程中必须用氮气保护。

(3) 形成 IPN 结构后，溶液由带蓝光的半透明乳液变为带蓝光的白色乳液。

七、思考题

(1) 在制备 PNIPAM/PAA 的 IPN 微凝胶之前，需要对第一步制备的 PNIPAM 微凝胶分散液进行稀释，为什么？

(2) PNIPAM/PAA 制备过程中，单体 AA 中的羧基容易与 PNIPAM 中的哪种基团形成氢键?

(3) 为什么 PNIPAM/PMM 的 IPN 微凝胶粒径要比 PNIPAM 微凝胶种子的粒径大?

(4) 在傅里叶变换红外光谱中能识别出 PNIPAM/PMM 的哪些官能团? 在什么位置?

(5) 如何证明最终制备的微凝胶是互穿聚合物网络结构而不是核壳结构?

(6) 光子晶体结构色的微观基础是什么?

7.4 聚天冬氨酸的制备与表征

一、实验目的

(1) 掌握制备聚琥珀酰亚胺的基本操作步骤。

(2) 掌握聚天冬氨酸的制备过程。

(3) 了解聚天冬氨酸的性质与用途。

二、实验原理

聚天冬氨酸(PASA)是一种氨基酸高分子。它是一种无毒、可降解的环境友好的化学品，在工业循环冷却水处理、油田水处理等领域有重要的应用。聚天冬氨酸的合成主要有两条路线，一条以天冬氨酸为原料，另一条以马来酸酐为原料。二者都是先聚合制备聚琥珀酰亚胺(PSI)，然后在碱的作用下水解而成。

本实验以 L-天冬氨酸(L-ASP)为原料，85%磷酸为催化剂，采用分批添加等量催化剂的固相催化热缩合方法制备高聚合度的 PSI，再经碱性水解得到 PASA。反应路线如下:

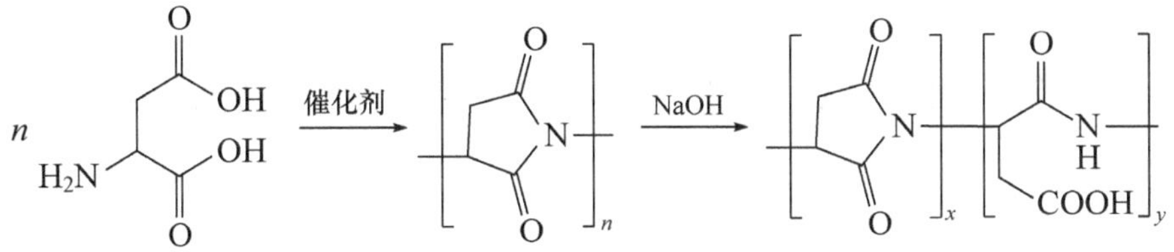

三、实验仪器与试剂

实验仪器: 100 mL 三口烧瓶、100 mL 烧杯、天平、磁子、磁力加热搅拌器、温度计、油浴锅、回流冷凝管、分水器、布氏漏斗、恒温干燥箱、抽滤装置。

实验试剂: L-ASP、液状石蜡、氢氧化钠、稀盐酸、85%磷酸(AR)、无水乙醇(AR)、蒸馏水。

四、实验步骤

(1) 在 100 mL 三口烧瓶中，加入 10 g L-ASP，然后加入 40 mL 液状石蜡。将三口烧瓶配备磁子、分水器、回流冷凝管和油浴锅，并将其置于磁力加热搅拌器上，开启搅拌，设置油浴温度为 200℃。分次加入一定量 85%磷酸，反应持续 2～3 h，反应过程中用分水器分离产生的 H_2O。

(2) 纯化过程是将反应液冷至室温，抽滤、分离液状石蜡。固体产物分别用无水乙醇和蒸馏水洗涤多次，至蒸馏水洗液为中性。然后将固体产物置于 80℃恒温干燥箱中烘干 4 h，得到的白色或浅黄至粉色的粉末即为聚琥珀酰亚胺。

(3) 取 10 g 聚琥珀酰亚胺置于 100 mL 的烧杯中，加入 50 mL 3 mol/L NaOH 溶液，常温下搅拌 1 h，用 1 mol/L 稀盐酸中和至中性，50℃下减压蒸馏浓缩至 20 mL 左右，倒入 200 mL 乙醇中，搅拌、沉淀、过滤、收集固体。在 80℃下真空干燥 2 h，即得聚天冬氨酸。

五、测试与表征

采用 KBr 压片法对 PSI 和 PASA 进行红外光谱表征。

六、注意事项

(1) 聚合反应在有催化剂和无催化剂条件下均可进行，使用催化剂可加快反应速率，提高产品质量，降低产品色度。

(2) 磷酸添加量为单体摩尔量的 50%为优选。

(3) 除磷酸外，还可选择盐酸、硫酸、亚甲基膦酸、硫酸氢钠等作催化剂。

七、思考题

(1) 反应过程中，为什么要用分水器分离产生的 H_2O？

(2) PSI 水解后，不中和直接加热浓缩会造成什么后果？

7.5 化学发光物质鲁米诺的制备及发光试验

一、实验目的

(1) 了解鲁米诺的化学发光原理及用途。

(2) 掌握芳烃硝化反应机理和硝化方法。

(3) 掌握芳烃亲电取代反应和重结晶操作技术。

二、实验原理

化学发光物质能在某些引发剂的激活作用下，发生一系列化学反应，使化学能迅速转变为光能，并伴随着发出持续的亮光。通过选择添加不同种类的荧光染料和溶剂至反应体系，可改变化学发光的亮度或颜色，甚至能在短时间内发出像荧光灯般明亮的光芒。这种独特的光化学性能使其在日用化工和装饰材料等方面有广阔的应用前景。

　　常用的化学发光材料主要有草酸酯类和氨基苯二甲酰肼类。后者中的 3-氨基邻苯二甲酰肼(又称鲁米诺，Luminol)就是本实验需要合成的目标产物。本实验以邻苯二甲酸酐为起始原料来制备化学发光剂鲁米诺。首先，将邻苯二甲酸酐直接硝化，获得 3-硝基-邻苯二甲酸和副产物 4-硝基-邻苯二甲酸。在 3-硝基-邻苯二甲酸分子中，3-硝基与羧酸之间以及相邻的二羧基之间形成分子内氢键，显著抑制了羧酸的解离，导致其水溶性低于 4-硝基-邻苯二甲酸。因此，可利用这一差异分离硝化后产生的两种异构体。

反应式：

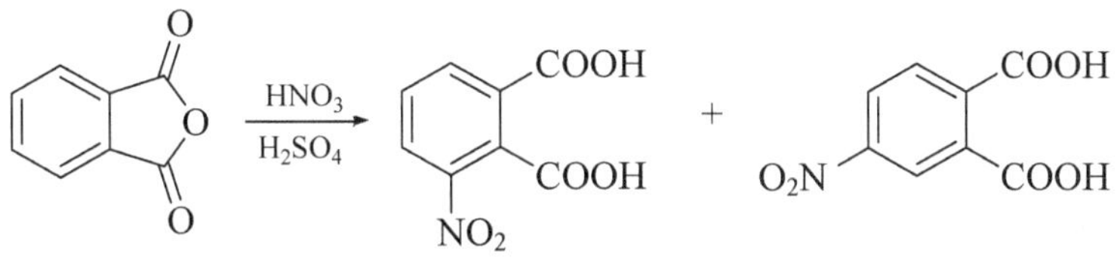

　　第二步是将 3-硝基-邻苯二甲酸与肼进行缩合反应，得到中间产物 3-硝基邻苯二甲酰肼；最后将硝基还原为氨基，即得到化学发光物质鲁米诺。反应方程式如下：

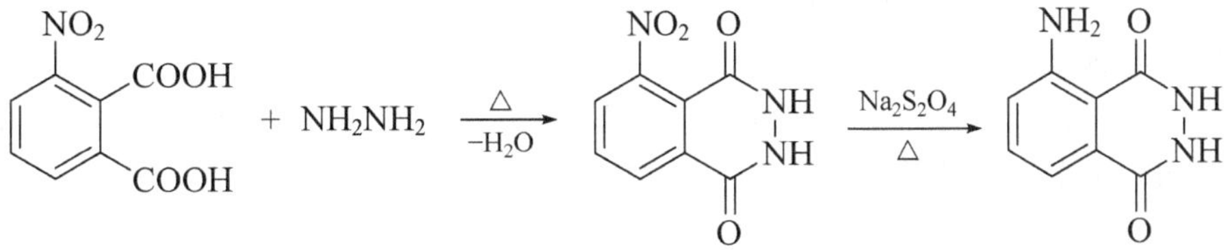

　　与许多以热的形式释放能量的化学反应不同，鲁米诺参与的化学反应以光的形式释放能量。鲁米诺在碱性溶液中先转变为二价负离子，后者与氧分子反应形成过氧化物。不稳定的过氧化物发生分解，生成一种具有发光性能的电子激发态中间体。研究表明，荧光是 3-氨基-邻苯二甲酸盐二价负离子由激发单线态返回至基态时产生的，其过程如下：

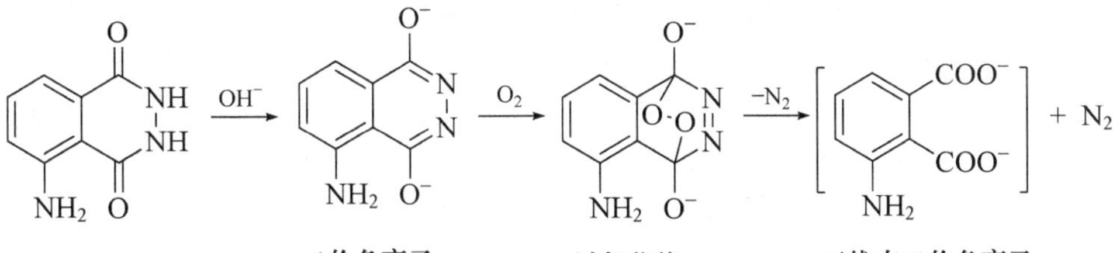

二价负离子　　　　　　　　过氧化物　　　　　　三线态二价负离子

$$\xrightarrow{\text{系间穿越}} \left[\begin{array}{c} \text{COO}^- \\ \text{COO}^- \\ \text{NH}_2 \end{array} \right] \xrightarrow{\quad hv \quad} \begin{array}{c} \text{COO}^- \\ \text{COO}^- \\ \text{NH}_2 \end{array}$$

单线态二价负离子　　　　　　　　　　基态二价负离子

三、实验仪器与试剂

实验仪器：100 mL 三口烧瓶、球形冷凝管、温度计、恒压滴液漏斗、电磁搅拌加热套、布氏漏斗、抽滤瓶、循环水真空泵、10 mL 量筒、50 mL 量筒、250 mL 烧杯、自制简易尾气吸收装置、铁架台等。

实验试剂：邻苯二甲酸酐、二缩三乙二醇、80%水合肼、浓硫酸、浓硝酸、冰醋酸、氢氧化钠、氢氧化钾、二水合连二亚硫酸钠(保险粉)、二甲亚砜等。

四、实验步骤　(本实验要在通风橱中进行操作)

1. 3-硝基-邻苯二甲酸的合成

在配有温度计、球形冷凝管和恒压滴液漏斗的 100 mL 三口烧瓶中，分别加入 12 mL 浓硫酸和 12 g 邻苯二甲酸酐，加热至 80℃，使酸酐逐渐溶解。停止加热，将三口烧瓶移出导热釜，通过恒压滴液漏斗缓慢滴加 12 mL 浓硝酸，控制滴加速度使反应混合物温度在 100～120℃。硝酸加毕，将反应混合物继续加热并搅拌 30 min，温度控制在 90～95℃。反应液冷却至室温后，在通风橱中将反应液慢慢倒入盛有冰水混合物的烧杯中。

待冰块完全溶解并降至室温后，抽滤，滤饼用水洗涤得到 3-硝基-邻苯二甲酸粗产物，用水重结晶得到纯品。

2. 鲁米诺(3-氨基-邻苯二甲酰肼)的合成

向放置于电磁搅拌加热套内的 100 mL 三口烧瓶中，分别加入 0.8 g 3-硝基-邻苯二甲酸纯品、1.2 mL 80%水合肼、2.0 mL 水和 3.0 mL 二缩三乙二醇，混合后，插入温度计，与水泵连接，搭建减压蒸馏装置。打开水泵，待真空表读数稳定后，加热反应瓶。加热至 60℃，瓶内反应物温度开始迅速上升，可观察到水蒸气被蒸出(反应体系的真空度越高，蒸出水蒸气的温度越低)。大约 5 min 后，温度升至 200℃左右。继续加热，使反应温度维持在 210～220℃，反应液剧烈沸腾，约 2 min 后停止加热，冷却至 100℃时解除真空。加入 20 mL 90～95℃热水(加热后再冷却，所获粗产物容易过滤)，进一步冷却至室温，过滤，收集土黄色固体，即中间体 3-硝基-邻苯二甲酰肼，中间体不需要干燥即可用于下一步的反应。

　　将上述 3-硝基-邻苯二甲酰肼粗品转入烧杯中，加入 10 mL 10%氢氧化钠溶液，用玻璃棒搅拌使固体溶解。不断搅拌下加热至沸，分批加入 4.0 g 二水合连二亚硫酸钠(保险粉)，继续煮沸 5 min。稍冷后加入 3.0 mL 冰醋酸，继而在冷水浴中冷却至室温，有大量土黄色固体析出。抽滤，水洗三次后再抽干，收集终产物 3-氨基-邻苯二甲酰肼(鲁米诺)。取少许样品经真空干燥用于测定熔点。

五、测试与表征

　　(1) 3-硝基-邻苯二甲酸的结构表征。采用核磁共振氢谱与碳谱鉴定 3-硝基-邻苯二甲酸的结构，并对信号进行归属。

　　(2) 化学发光试验。将 15 g 氢氧化钾、25 mL 二甲亚砜、0.2 g 未经干燥的鲁米诺依次加入试管中，然后剧烈摇荡，并使溶液与空气充分接触。放置于暗处观察荧光现象。继续摇荡并让新鲜空气进入瓶内，观察荧光变化。

　　若将不同荧光染料(1～5 mg)分别溶于 2～3 mL 水中，并加入鲁米诺二甲亚砜溶液中，盖上瓶塞，用力摇动，观察是否有颜色变化。

六、注意事项

　　(1) 硝化反应过程除需在通风橱中进行外，还可加装自制简易尾气吸收装置收集产生的二氧化氮气体。防止有毒的二氧化氮气体逸出危害健康。硝化反应的后处理同样需要在通风橱中进行。

　　(2) 水合肼具有强腐蚀性和毒性，取用时应佩戴手套，应避免直接与皮肤接触。

七、思考题

　　(1) 与氯苯硝化相比，邻苯二甲酸酐的硝化条件有什么不同？为什么？
　　(2) 为什么 4-硝基-邻苯二甲酸在水中的溶解性比 3-硝基-邻苯二甲酸强？
　　(3) 鲁米诺化学发光的原理是什么？
　　(4) 本实验在做鲁米诺发光演示时，为什么要不时打开瓶盖并剧烈摇荡？

7.6　从黄连中提取黄连素

一、实验目的

　　(1) 了解黄连素的结构。
　　(2) 掌握黄连素化学鉴别的原理。
　　(3) 掌握生物碱的一般提取方法。

二、实验原理

黄连为毛茛科黄连属植物黄连、三角叶黄连或云连的干燥根茎。我国劳动人民很早就发现了黄连的药用价值。据《本草纲目》记载，黄连具有清热燥湿、清心除烦、泻火解毒的功效，是我国名产药材之一。现代研究表明，黄连素(也称小檗碱)的抗菌力很强，对急性结膜炎、口疮、急性细菌性痢疾、急性肠胃炎等均有很好的疗效，一直是临床上使用的非处方腹泻治疗药物。现代药理学的研究进一步发现了黄连素还具有抗心力衰竭、抗血小板及改善胰岛素抵抗等作用，因而在心血管系统和神经系统疾病治疗方面日益受到重视。

黄连、黄柏、三颗针等中草药中都含有黄连素，其中以黄连和黄柏中的含量最高，可达 4%～10%。除黄连素外，从黄连中还分离出掌叶防己碱、黄连碱等多种生物碱。

黄连素是黄色针状体，无臭，味极苦，熔点为 145℃。在 100℃下干燥后，黄连素会失去所含的结晶水而转变为棕红色。游离的黄连素微溶于水和乙醇，较易溶于热水和热乙醇，几乎不溶于乙醚、石油醚、苯、三氯甲烷等有机溶剂。黄连素含有异喹啉结构母核，属于原小檗碱型生物碱，在自然界中主要以季铵碱的形式存在，在水溶液中存在醛式-醇式-季铵碱式三种互变异构体。

(醛式)

(醇式)   (季铵碱式)

虽然黄连素在黄连等植物体内以盐酸盐的形式存在，但黄连素的盐均较难溶于冷水，而易溶于热水。因此，可采用在水、乙醇等溶剂中加热回流的方法，将黄连素从黄连中提取出来，再经酸化转化为相应的盐。得到的黄连素盐的粗品再经过重结晶的方法进一步提纯。

三、实验仪器与试剂

实验仪器：圆底烧瓶、旋转蒸发仪、回流冷凝管、电磁加热搅拌器、小型粉碎机、抽滤装置等。

实验试剂：黄连(中药店有售)、无水乙醇、1%乙酸、浓盐酸、丙酮、氢氧化钠、漂白粉等。

四、实验步骤

将中药黄连在小型粉碎机中粉碎后，称取 10 g 放入装有回流冷凝管的圆底烧瓶中，加入乙醇 100 mL 回流 1 h 后抽滤，滤渣重复上述操作两次。合并三次所得滤液，用旋转蒸发仪浓缩，得到棕红色糖浆状残留物，蒸出的乙醇可回收再利用。向浓缩物中加入 1%乙酸(30～40 mL)，加热使大部分固体溶解后，抽滤除去不溶物。在冷却下向滤液中滴加浓盐酸，至溶液浑浊为止(约需 10 mL)，放置冷却，使黄色针状体的黄连素盐酸盐充分析出。将固体抽滤、用冰水洗涤两次，再用丙酮洗涤一次，烘干后重约 1 g，测定其熔点。

五、测试与表征

(1) 将得到的黄连素盐酸盐粗品溶于氢氧化钠溶液中，滴加丙酮后观察现象。这也是一种常用的鉴别原小檗碱型生物碱的化学方法。

(2) 向小檗碱酸性水溶液中加入少量漂白粉，观察现象。

(3) 用核磁共振氢谱和碳谱验证黄连素的结构。

六、注意事项

(1) 得到纯净的黄连素晶体比较困难。可用石灰乳将黄连素盐酸盐的热水溶液，调节 pH 至 8.5～9.8，稍冷后滤去杂质，滤液用冰水浴冷却到室温以下，即可得到较纯的游离黄连素(针状体)晶体，于 50～60℃下干燥后，测定熔点 145℃。

(2) 后两次提取可适当减少乙醇用量和缩短回流时间。

(3) 最好用冰水浴冷却。

(4) 可用水重结晶改善晶型。

七、思考题

(1) 黄连素为哪种生物碱类的化合物?

(2) 为什么要用石灰乳调节 pH，用强碱氢氧化钾(钠)可以吗? 为什么?

(3) 查阅文献，设计一个黄连中总生物碱含量的测定方法。

7.7　聚苯乙烯光子晶体的制备与表征

一、实验目的

(1) 掌握无皂乳液聚合的基本原理和方法。

(2) 掌握傅里叶变换红外光谱仪、热重分析仪、X 射线衍射仪、扫描电子显微镜等仪器的分析方法。

(3) 了解聚苯乙烯光子晶体的制备方法及其特性。

二、实验原理

无皂乳液聚合法是在乳液聚合的基础上发展起来的一种聚合技术，指的是完全不含乳化剂或仅含少量乳化剂的乳液聚合。与传统乳液聚合的区别之处在于乳化剂的用量急剧减少。无皂乳液聚合只需加极少量或者不加乳化剂，主要是通过结合在聚合物链或其端基上的离子基团、亲水基团等使分散得以稳定，就可以制备出具有单分散性、表面"洁净"、粒径较大的聚合物微球。

本实验中使用过硫酸钾(KPS)为引发剂，引发苯乙烯聚合。过硫酸钾是一种水溶性无机过氧类引发剂，受热时分解式如下：

$$KO-\overset{\overset{O}{\uparrow}}{\underset{\underset{O}{\downarrow}}{S}}-O-O-\overset{\overset{O}{\uparrow}}{\underset{\underset{O}{\downarrow}}{S}}-OK \longrightarrow 2KO-\overset{\overset{O}{\uparrow}}{\underset{\underset{O}{\downarrow}}{S}}-O^-$$

分解产物是一种自由基，在水中，这些自由基可与水分子反应形成羟基自由基。

$$KO-\overset{\overset{O}{\uparrow}}{\underset{\underset{O}{\downarrow}}{S}}-\dot{O} + H_2O \longrightarrow KHSO_4 + \dot{O}H$$

这些自由基(R^*)作为初级自由基与苯乙烯单体发生加成反应，使苯乙烯单体中的 π 键断裂，生成新的单体自由基，开始聚合的连锁反应。这是聚合反应的链引发阶段。

$$R^* + CH_2 = CHPh \longrightarrow RCH_2 - C^*HPh \text{ (单体自由基)}$$

新的单体自由基继续与另一单体自由基加成，形成多于一个链节的自由基，即链自由基，再继续与其他单体加聚，从而使链增长。

$$RCH_2 - C^*HPh + CH_2 = CHPh \longrightarrow RCH_2 - CHPh - CH_2 - C^*HPh$$

最后，当链的自由基消失，链不再增长，即进入聚合反应的链终止阶段。

在自由基聚合反应中，只有链增长反应才能使聚合物的聚合度增加。但延长聚合反应时间主要是提高转化率，对分子量影响较小。

三、实验仪器与试剂

实验仪器：三口烧瓶、回流冷凝管、机械搅拌器、傅里叶变换红外光谱仪、热重分析仪、X 射线衍射仪、扫描电子显微镜等。

实验试剂：苯乙烯、碱性氧化铝、过硫酸钾、氯化钠、浓硫酸、过氧化氢。

四、实验步骤

(1) 在三口烧瓶中，加入 5.00 g 氯化钠、50 mL 水和 10.42 g 苯乙烯单体，在室温下，超声分散 10 min，升温搅拌，温度到 80℃时，将反应体系稳定 5 min。加入含有 1.08 g 引发剂过硫酸钾的水溶液，搅拌 12 h，使之充分发生聚合反应。待反应结束后，冷却，得到聚苯乙烯乳液。

(2) 将上述反应所得聚合物的无皂化乳液进行离心处理(4000 r/min持续20 min)，弃去上清液，再加入去离子水反复洗涤，以除去氯化钠、过硫酸钾和未反应完全的苯乙烯单体。将所得聚苯乙烯微球以分散液的形式保存，以便后续检测使用。

(3) 配制 Piranha 溶液，将载玻片浸泡在浓硫酸：过氧化氢 = 8：2(体积比)混合溶液中 12 h，对其表面进行亲水化处理。随后，用超纯水将盖玻片清洗干净，氮气吹干备用。将处理过的载玻片用夹子夹好，穿在小木棍上，垂直架于玻璃缸上，并将该玻璃缸置于 30℃、相对湿度 50%的生物培养箱中。

(4) 将配制好的 0.25%的聚苯乙烯微球乳液超声 20 min 后加入上述玻璃缸内，使溶液在该稳定条件下，匀速挥发至溶液彻底挥发。小球通过表面张力慢慢自组装于载玻片上，可获得具有面心立方结构和良好机械强度的光子晶体阵列。

五、测试与表征

(1) 红外光谱分析。样品采用溴化钾压片法，将溴化钾和聚苯乙烯微球粉末混合研磨，经过红外压片机在 15 MPa 压力下压制成片，用红外光谱仪扫描测试，扫描 32 次。

(2) 激光粒度分析。将所得聚苯乙烯微球无皂乳液稀释，超声分散制成水分散液并加入激光粒度仪，进行微球粒径分布测试。

(3) 扫描电子显微镜分析。将聚苯乙烯微球乳液稀释，涂在载玻片上晾干，喷金处理后观察粒子形态、分散性和粒径，并拍摄照片。

(4) 反射光谱分析。制备的光子晶体阵列放置在参考瓦上，光纤探头与其垂直，测量其反射光谱，观察其禁带位置。

(5) 色度学测量。将制备的光子晶体阵列放置在参考瓦上，积分球至于上方，测量其结构色。

六、注意事项

(1) 氧对反应起到阻聚作用，加入引发剂时，要快速，防止氧进入体系。

(2) 温度对反应影响较大，当温度降至 70℃时，不发生反应，所以反应时要保持温度在 80℃恒定。

(3) 反应时搅拌速度保持稳定，防止有固体结块生成。

(4) 反应中使用的三口烧瓶要清洗干净，否则杂质会影响产品质量。

七、思考题

(1) 氯化钠的加入对于体系的作用是什么？

(2) 本实验如果分步加入单体和引发剂，聚合会有怎样不同的结果？

(3) Piranha 溶液是怎样实现亲水化处理的？

7.8　钯碳催化加氢还原制备 4,4′-二氨基二苯醚

一、实验目的

(1) 掌握催化加氢的基本原理。

(2) 掌握钯碳催化剂的制备方法。

(3) 熟悉氢化装置的使用。

二、实验原理

芳胺是一类重要的有机化工原料和化工中间体，广泛应用于医药、农药、染料、香料、聚合物等功能性化合物的合成。以它为原料制成的产品多达 300 余种，在有机精细化学工业中占很大的市场份额。绝大多数初级芳胺是通过相对应的硝基化合物还原而来，主要的方法有铁粉还原法、硫碱还原法和催化还原法。催化还原法是其中反应条件温和(常温下即可反应)、过程绿色环保、转化率高的一种方式。

4,4′-二氨基二苯醚是重要的有机化工中间体，可以用于制备聚酰亚胺的二胺单体，在航空航天、电子科技等领域有重要的应用，也是环氧树脂的固化剂。

4,4′-二硝基二苯醚在催化剂的作用下与氢气反应，其反应机理为：硝基先被还原为亚硝基，继续加氢被还原为羟胺，羟胺最后被还原为氨基。

$$\underset{Ar}{\overset{NO_2}{|}} \xrightarrow{[H]} \underset{Ar}{\overset{N=O}{|}} \xrightarrow{[H]} \underset{Ar}{\overset{NHOH}{|}} \xrightarrow{[H]} \underset{Ar}{\overset{NH_2}{|}}$$

三、实验仪器与试剂

实验仪器：200 mL 三口圆底烧瓶、温度计、回流冷凝管、滴液漏斗、烧杯、量筒、pH 计、真空干燥箱。

实验试剂：氯化钯、盐酸、活性炭、氢氧化钠、乙二醇、去离子水、氢气、硝基苯、乙醇。

四、实验步骤

1. 钯碳催化剂的制备

在氯化钯的盐酸溶液(pH = 3)中加入适量的活性炭(按照制备质量分数 10% Pd 催化剂计算 Pd 盐的量)，让活性炭在 Pd 盐溶液中沉浸 4 h，使 Pd 盐通过化学吸附和物理吸附沉积在活性炭上，蒸发过量的溶剂。滴加氢氧化钠溶液，调整 pH=10，加完继续搅拌 30 min。保持 pH = 10，静置 10 h，逐滴加入 10 mL 乙二醇，加热升温至 100℃，回流 1 h，抽滤得到湿基钯碳催化剂。在真空干燥箱中干燥，温度为 50℃，干燥时间为 12 h，最终得到干燥的钯碳催化剂。

2. 硝基苯加氢

反应在带回流冷凝管的 200 mL 三口圆底烧瓶中进行，回流冷凝管上端接有含氢气的气球(图 7-1)。称取 4,4′-二硝基二苯醚(26.02 g，100 mmol)和催化剂 (0.50 g)，然后将其加入乙醇/水(36/4 mL)中，先用氮气置换三次，再用氢气置换三次，使所得混合物在 60℃下反应 4 h，搅拌速率为 800 r/min。反应结束后，撤去氢气球，温度降为室温，将反应液过滤，滤液在氮气下加热至 90℃，蒸除大部分乙醇后，冷却，放置过夜，得到的白色晶体即为产物。

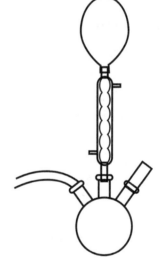

图 7-1　实验装置图

五、测试与表征

采用核磁共振氢谱和碳谱对产品进行结构确证，并对信号进行归属。

六、注意事项

(1) 氢气的量相对还原硝基的化学计量应远远过量，使用时严禁存在明火。

(2) 反应完成后的剩余氢气应妥善处理。

(3) 反应结束后，过滤出的 Pd/C 应存放在水中，避免与空气接触。

七、思考题

(1) 制备钯碳的过程中发生的是什么反应？

(2) 制备钯碳过程中为什么氯化钯是酸性溶液？

(3) 制备钯碳过程中为什么要将酸性溶液调整为碱性？

(4) 硝基还原反应中为什么要先通氮气置换？

7.9　盐酸普鲁卡因的制备

一、实验目的

(1) 了解盐酸普鲁卡因的合成过程，掌握水与二甲苯共沸进行脱水的操作。

(2) 掌握铁粉还原硝基的操作。

(3) 掌握普鲁卡因成盐条件和水溶性大的盐类用盐析法进行分离的操作及其精制方法。

二、实验原理

盐酸普鲁卡因的化学名是 4-氨基苯甲酸-2-(二乙氨基)乙酯盐酸盐，为白色细微针状结晶或结晶性粉末，无臭，味微苦而麻，易溶于水，微溶于氯仿。盐酸普鲁卡因是临床上广泛使用的局部麻醉药，具有毒性小、无成瘾性等优点。临床上主要用于浸润麻醉、阻滞麻醉、腰椎麻醉及封闭疗法等。

本实验以对硝基苯甲酸为原料，先与二乙氨基乙醇脱水缩合成酯，酯化过程所生成的水通过与二甲苯共沸回流而分出，使反应完成。再用铁粉在盐酸中将硝基还原成氨基，经盐酸酸化成盐并精制而得到。

$$
\xrightarrow[10\,℃]{Na_2CO_3}
\underset{NH_2}{\overset{COOCH_2CH_2N(C_2H_5)_2}{\bigcirc}}
\xrightarrow{HCl}
\underset{NH_2}{\overset{COOCH_2CH_2N(C_2H_5)_2}{\bigcirc}}
$$

三、实验仪器与试剂

实验仪器：500 mL 三口烧瓶、电磁加热搅拌器、机械搅拌器、旋转蒸发仪、温度计、球形冷凝管、电加热套、分水蒸馏接收管(分水器)、250 mL 锥形瓶、250 mL 圆底烧瓶、100 mL 圆底烧瓶、50 mL 烧杯、布氏漏斗、抽滤瓶。

实验试剂：β-二乙氨基乙醇、对硝基苯甲酸、二甲苯、盐酸、活化铁粉、碳酸钠、保险粉、硫化钠、精密 pH 试纸、活性炭、氯化钠、乙醇。

四、实验步骤

1. 硝基卡因(对-硝基苯甲酸-β-二乙氨基乙醇酯)的制备

将对硝基苯甲酸 38 g、二甲苯 240 mL 在配有电磁加热搅拌器、温度计、球形冷凝管、分水器的 500 mL 三口烧瓶中混合，搅拌下加入 β-二乙氨基乙醇 25 g，升温至 110~120℃反应 30 min，继续升温至 145℃，反应 6 h。TLC 检测反应完全后，稍降温，然后把反应液转移至锥形瓶中静置冷却。将锥形瓶中上清液移至 250 mL 圆底烧瓶中，通过旋转蒸发仪减压除去二甲苯。残留物与原锥形瓶中析出的固体合并，加入 265 mL 盐酸(3%)并搅拌，使对硝基苯甲酸充分析出，抽滤，将滤液移至 250 mL 锥形瓶中，用精密 pH 试纸和饱和碳酸钠溶液调节 pH 至 4.0。

2. 盐酸普鲁卡因的制备

将上述硝基卡因水溶液加入配有机械搅拌器、温度计的 500 mL 三口烧瓶，充分搅拌下于 25℃分次加入活化铁粉 88 g。加毕，加热至 40~45℃反应 2 h。抽滤，滤饼用少量水洗涤两次，与滤液合并后，用稀盐酸酸化至 pH = 5，再用饱和硫化钠溶液调节至 pH = 8。抽滤除去不溶物，滤饼用少量水洗涤两次，与滤液合并后，以稀盐酸酸化至 pH = 5，加活性炭 0.5 g，于 50~60℃保温 10 min。趁热抽滤，并用少量水洗涤一次。与滤液合并后，冷却至室温后再用冰浴冷至 10℃以下，再用精密 pH 试纸和饱和碳酸钠溶液碱化至 pH = 9.5，析出固体，过滤，尽量抽干后在 50℃进行干燥。

将上述固体(普鲁卡因)进行称量后，移至 50 mL 烧杯中，冰浴冷却。缓慢滴加浓盐酸，精密调节至 pH = 5.5，加热至 50℃，加入氯化钠至饱和。继续升温至

60℃，加保险粉(普鲁卡因投料量的 1%)，在 65～70℃时趁热抽滤，滤液移至锥形瓶中，冷却结晶。待晶体完全析出，过滤，抽干，得盐酸普鲁卡因粗品，干燥。

3. 盐酸普鲁卡因的精制

将上述粗品移至 100 mL 圆底烧瓶中，加蒸馏水至恰好溶解，加入少量活性炭与保险粉，加热至 65～70℃，趁热过滤，冰浴冷却，析出结晶，抽滤，用少量乙醇洗涤，干燥，得普鲁卡因纯品，测定熔点。

五、测试与表征

采用核磁共振氢谱和碳谱确证盐酸普鲁卡因的结构，并对信号进行归属。

六、注意事项

(1) 酸与醇脱水生成酯的反应是一个可逆反应。利用二甲苯与水形成共沸的原理，将水分除去以打破平衡，使酯化反应更完全。反应所涉及的原料、试剂、仪器均需干燥。

(2) 未反应完的原料对硝基苯甲酸需除尽，否则影响产品质量。

(3) 铁粉表面有铁锈，需通过活化除去。方法是：取铁粉 47 g，在 100 mL 水和 0.7 mL 浓盐酸混合溶液中加热至微沸，冷却后，用蒸馏水倾泻法洗至中性，保存在蒸馏水中备用。

(4) 还原时，铁粉需分次加入，以免反应剧烈而冲料。注意反应液颜色的变化。铁粉参与反应后，先生成绿色氢氧化亚铁沉淀，再变成棕黄色的氢氧化铁，最后变成棕黑色的氧化铁。若反应液不转成棕黑色，表示反应尚未完成，可补加适量铁粉，使反应完全。

(5) 多余的铁粉用硫化钠除去，多余的硫化钠加酸使之成胶体硫析出，再加活性炭过滤除去。

(6) 普鲁卡因结构中有两个碱性中心，成盐时必须控制盐酸的用量至 pH = 5.5，以免芳氨基成盐。

(7) 保险粉为强还原剂，可防止芳氨基氧化。

七、思考题

(1) 二甲苯在反应中起什么作用？
(2) 硝基还原成氨基有哪些常用方法？
(3) 成盐反应中保险粉所起的作用是什么？
(4) 普鲁卡因化学稳定性如何？为什么？

(5) 根据普鲁卡因的结构，试分析该产品中存在的主要杂质是什么？

(6) 控制硝基卡因盐酸盐溶液 pH 在 4.0 的目的是什么？

7.10　超临界 CO_2 法合成双酚 A 型聚碳酸酯

一、实验目的

(1) 了解超临界二氧化碳的性质及应用。

(2) 掌握熔融酯交换法制备聚碳酸酯的原理。

(3) 掌握超临界二氧化碳反应流程与操作。

(4) 掌握聚合物重均分子量的测定。

二、实验原理

聚碳酸酯(polycarbonate，PC)是含有碳酸酯基的线型高分子，是近乎无色的玻璃态无定形聚合物。根据其酯基结构的不同，可分为脂肪族、芳香族、脂肪族-芳香族等多种类型。其中脂肪族聚碳酸酯虽然具有较低的熔点和玻璃化转变温度、强度低的缺点，但其生物相容性好，还具备生物可降解性，在药物载体、生物材料等方面应用较广。双酚 A 型聚碳酸酯是 2,2-双(4-羟苯基)丙烷(BPA)碳酸酯的聚合物，属于芳香族聚碳酸酯。由于其较好的机械强度、优异的耐热性能已成为工程塑料中发展最快的一个品种，在汽车、建筑等领域得到广泛应用。

双酚 A 型聚碳酸酯的合成方法主要有双酚 A 直接与光气反应法、熔融酯交换法、固相聚合法、开环聚合法。光气反应法的工艺最成熟，也是工业上最常用的方法；熔融酯交换法以双酚 A(BPA)和碳酸二苯酯(DPC)为原料，在高温高真空条件下进行酯交换反应；固相聚合是先合成低分子量的预聚物，再经固相缩聚得到高分子量的产品；开环聚合法虽然能获得高分子量聚合物，但环状低聚物合成困难。由于这四种生产方法直接或间接使用光气，存在环境污染隐患，因此开发完全无光气的制备工艺是主要研究方向。

熔融酯交换法的主要优势是不使用溶剂，且工艺设备简单。但副产物苯酚不易除去，导致高温氧化产生有色物质，影响产物的光学性能。考虑到超临界二氧化碳既是一种增塑剂，又可以增加苯酚的溶解度，增大其扩散速率，因此本实验研究双酚 A 与碳酸二苯酯在超临界二氧化碳中发生酯交换制备聚碳酸酯。

$$\text{(structure)} + 2n \text{ } \text{(phenol-OH)}$$

三、实验仪器与试剂

实验仪器：二氧化碳钢瓶、超临界反应装置、抽滤瓶、布氏漏斗、茄形瓶、红外光谱仪、核磁共振波谱仪、差示扫描量热仪、旋转蒸发仪、真空干燥箱、干燥器等。

实验试剂：BPA、DCP、甲醇、三氯化铁、二氯甲烷、光谱纯溴化钾、氘代氯仿、四氢呋喃、聚苯乙烯等。

四、实验步骤

聚合反应对原料的纯度要求较高,因此必须在使用前对原料进行精制。将BPA用甲醇重结晶,抽干溶剂后在真空干燥箱中于 60℃ 干燥 2 h,置干燥器中保存备用。DCP 同样用甲醇重结晶,在室温下用氮气干燥 1 h,也置于干燥器中保存备用。

将精制后的 BPA(11.03 g)、DPC(10.5 g)加入 100 mL 耐压反应釜中,密封后用氮气置换系统内空气约 30 min。然后充入二氧化碳,直至压力达到 6 MPa,停止进气。设定搅拌速度为 800 r/min,设置加热温度 120℃,并开启装置(图 7-2)。随着温度升高,体系内压力也逐渐增加。待温度达到设定值后,重新打开进气阀和增压阀,仔细调节至体系内压力为 10 MPa。反应 5 h 后,开启放气阀,同时调节气体流速,维持反应釜压力恒定。当排出的气体不能使三氯化铁溶液显色时,反应结束,记录反应时间。停止进气并关闭加热,冷却至室温后打开反应釜,用二氯甲烷处理并滤除不溶物,滤液用旋转蒸发仪浓缩,真空干燥至恒量。

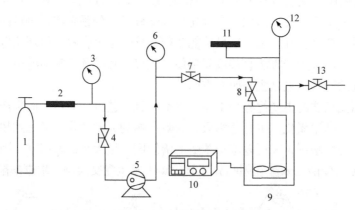

图 7-2　超临界二氧化碳反应装置简易图

1. 二氧化碳钢瓶；2. 过滤器；3、6、12. 压力表；4、7、8、13. 流量计；5. 高压泵；9. 耐压反应釜；
10. 温度和搅拌控制器；11. 泄压阀

五、测试与表征

(1) 红外表征。取适量样品与溴化钾混合研磨后压片制样,进行红外测试,记录数据并分析。

(2) 核磁表征。将适量样品溶于氘代氯仿,测定其核磁共振氢谱,分析实验数据。

(3) 分子量测定。采用凝胶渗透色谱仪,以聚苯乙烯为标样,四氢呋喃为洗脱液,测定重均分子量,并分析结果。

(4) 热分析。在氮气气氛下,用差示扫描量热仪对样品进行热分析,并对结果进行分析。

六、注意事项

(1) 本实验为高温高压反应,在实验过程中一定要仔细操作,以免发生事故。

(2) 耐压反应釜在使用前需检查气密性。

(3) 差示扫描量热法测定时的升温速率为 $10℃/min$。

七、思考题

(1) 三氯化铁检测反应的原理是什么?

(2) 产品的红外特征峰有哪些? 分别代表什么类型的振动?

(3) 超临界二氧化碳对产品的玻璃化转变温度有什么影响?

(4) 哪些因素影响产品分子量分布? 试解释说明。

7.11 丙交酯开环聚合法制备聚乳酸

一、实验目的

(1) 学习并掌握丙交酯的制备方法。

(2) 了解聚乳酸的制备方法,掌握丙交酯开环聚合法制备聚乳酸的过程。

(3) 学习并掌握使用乌氏黏度计测量聚合物黏均分子量的方法。

二、实验原理

聚乳酸(polylactic acid,PLA)也称为聚丙交酯,属于聚酯一类,是一种新型的生物降解材料。由可再生的植物资源(如玉米)所提取出的乳酸为原料制成。其具有优异的机械加工强度和良好的生物可降解性,能被微生物完全降解,生成二氧化碳和水,不污染环境,这对保护环境非常有利,是理想的环保型高分子材料。

目前聚乳酸的合成主要分为直接缩聚法和开环聚合法。直接缩聚法是指在脱水剂存在的条件下，脱去乳酸分子中的羧基和羟基，从而使乳酸分子之间缩聚形成低分子聚合物。之后各分子间通过催化剂的作用或者高温脱水的方式直接缩合，最终得到聚乳酸。直接缩聚法的产物分子量较低、机械强度极低、易分解。开环聚合法也称 ROP(ring opening polymerization)法，即先将乳酸单体经脱水环化合成丙交酯，丙交酯经过反复提纯后，再将丙交酯通过开环聚合反应得到聚乳酸(图 7-3)。较直接缩聚法而言，开环聚合法合成的聚乳酸具有分子量高、机械性能好且无小分子水生成等优点。

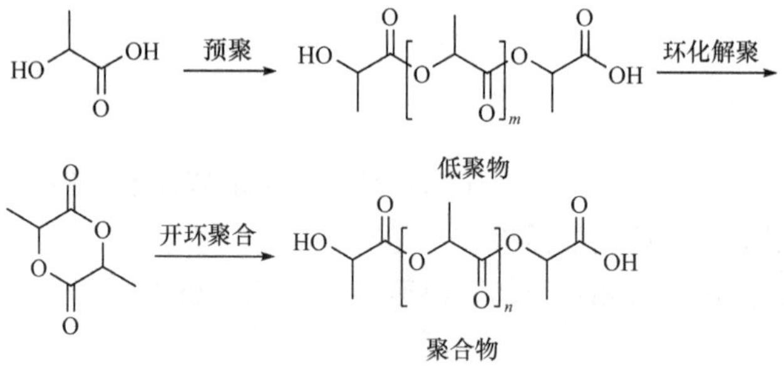

图 7-3　开环聚合法制备聚乳酸过程示意图

本实验先高产率制备得到高纯度的丙交酯，再以自制丙交酯为原料合成聚乳酸。在丙交酯制备工艺优化过程中，通过控制脱水时间和催化剂加入量调控聚乳酸的分子量。

三、实验仪器与试剂

实验仪器：250 mL 单口圆底烧瓶、直形冷凝管、尾接瓶、三口接头、油浴锅、真空干燥箱、真空泵、油泵、抽滤瓶、分析天平、磁子、量筒、恒温槽 1 套、移液管(5 mL、10 mL)、乌氏黏度计、秒表、容量瓶(25 mL)、洗耳球、砂芯漏斗、大小烧杯若干。

实验试剂：乳酸(AR)、辛酸亚锡(CP)、乙酸乙酯(AR)、三氯甲烷(AR)、乙醇(AR)、甘油(AR)、苯(AR)、氮气。

四、实验步骤

1. 丙交酯的合成

(1) 取 50 mL 乳酸和 3 mL 辛酸亚锡(催化剂)，加入 250 mL 单口圆底烧瓶中，放入磁子，安装直形冷凝管、尾接瓶等减压蒸馏装置，控制油浴温度，在 120℃下常压蒸馏脱水直至无冷凝水蒸出，停止反应。

(2) 除去脱水反应尾接瓶中的水后，按照第一步脱水反应的装置，加入甘油，在蒸馏头和冷凝管之间加一个装有保温套的三口接头，下接接收瓶并置于冰水浴中。开始第二步解聚反应，初始解聚温度为 150℃，快速升温，迅速减压至油泵所能够达到的最高真空度，升温至 200℃以上，接收馏出产物。最终解聚温度 210℃，直至反应瓶中再无馏出液蒸出，停止反应。

(3) 用蒸馏水冲洗冷凝管及接收瓶中蒸出的白色黏稠糊状物，使晶体从馏出液中完全析出，抽滤，将固体产物放入真空干燥箱中干燥至恒量，称量。

(4) 将上步反应所制得的丙交酯加入圆底烧瓶中，烧瓶置于 80℃水浴锅中，缓慢加入一定量的乙酸乙酯溶剂，直至丙交酯完全溶解。

(5) 将烧瓶置于冰水浴中冷却、静置、结晶、抽滤后分离出晶体，置于真空烘箱中干燥。

2. 聚乳酸的合成

(1) 称取 3 g 自制丙交酯，0.15 g 辛酸亚锡(催化剂)，加入 250 mL 的单口圆底烧瓶中，放入磁子，安装抽滤头及减压蒸馏装置，减压至最高真空度(0～0.1 MPa)，缓慢加热至烧瓶中的固体完全溶解再封管，充分抽取出溶剂。

(2) 将烧瓶置于油浴中加热，通入氮气保护。控制油浴温度在 130℃左右，聚合 24 h 后停止反应。

五、测试与表征

聚乳酸黏均分子量的测定。

用乌式黏度计(图 7-4)测量特征黏度 η，溶剂为三氯甲烷，温度 30℃，用分析天平精确称取聚乳酸 0.1000 g，加入 25 mL 容量瓶中，然后加入 20 mL 苯，静置。待聚乳酸完全溶解后，于 30℃下定容，摇匀，待用。调节恒温槽温度(30±0.1)℃，将黏度计垂直固定在恒温槽中，使水浴浸在 A 球以上。

先测定空白样，即 CHCl$_3$ 在重力的作用下自由下落经过两个刻度 a 与 b 的时间，再测定聚合物溶液流经 a、b 两点所需时间，运用式(7-4)即可计算出聚合物的黏度。具体过程如下：

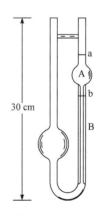

图 7-4　乌氏黏度计结构示意图

$$\eta = \frac{t - t_0}{t_0 \times c} \tag{7-4}$$

式中，η 为聚合物特征黏度(dL/g)；t 为待测聚合物溶液的流过时间(s)；t_0 为 CHCl₃ 溶液流过的时间(s)；$c = 0.4$。

通过式(7-5)计算聚乳酸的黏均分子量 M_v：

$$\eta = KM_v^\alpha \tag{7-5}$$

式中，$K = 1.04 \times 10^{-4}$；$\alpha = 0.75$。

六、注意事项

(1) 减压脱水时间应足够长，尽量除去自由水和乳酸缩聚产生的水。

(2) 脱水温度应适宜，不宜过高，120℃即可。

(3) 纯化丙交酯粗产物时，乙酸乙酯的量不宜过多，否则损失很大。加热温度不宜过高，时间不宜过长。

(4) 精制丙交酯真空干燥时，在室温下干燥，以免水解。

七、思考题

(1) 合成过程中丙交酯纯度、聚合温度、聚合时间及催化剂用量对聚乳酸合成分别有什么影响？

(2) 结合实验过程说明丙交酯开环聚合法相比于直接缩聚法具有什么优点，简述其原因。

7.12　甲基丙烯酸酯化学增幅光刻胶的制备

一、实验目的

(1) 了解甲基丙烯酸酯共聚物的合成方法。

(2) 了解光刻试验操作方法。

二、实验原理

IBM 公司的 Willson 和 Ito 于 1982 年提出"化学增幅"的概念。化学增幅是指一个光致产酸剂 PAG(photo acid generator)分解后产生的酸分子引发一系列化学反应。这些反应能增大光刻胶材料曝光前后的溶解能力的差异，并以此分为正性和负性光刻胶。

以 α-甲基丙烯酸(MAA)、甲基丙烯酸甲酯(MMA)、甲基丙烯酸叔丁酯(tBMA)、甲基丙烯酸异冰片酯(IBOMA)为单体，采用沉淀聚合的方法进行共聚，得到四元共聚物树脂[P(MAA-MMA-tBMA-IBOMA)]：

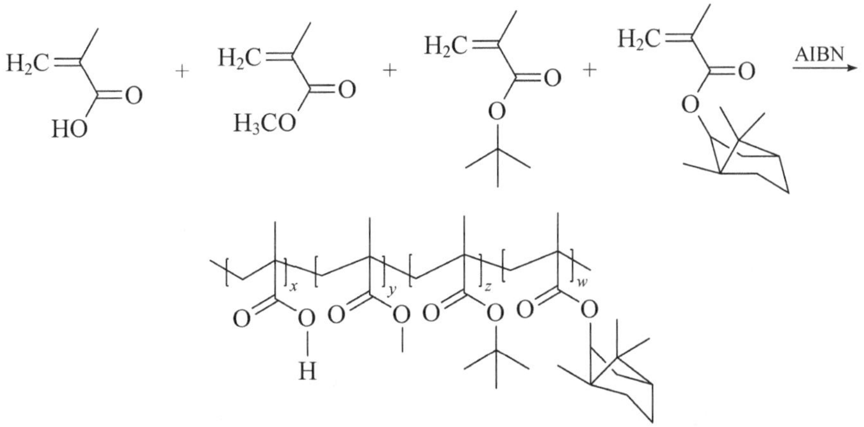

二苯碘三氟甲基磺酸盐的最大吸收紫外光谱为 225 nm，在电子束能量辐射下，产生的 H^+($K = 2.4 \times 10^{10}$ $mol^{-1} \cdot L^{-1} \cdot s^{-1}$)较其他的鎓盐多，所以选择二苯碘三氟甲基磺酸盐作为光致产酸剂，其合成反应式如下：

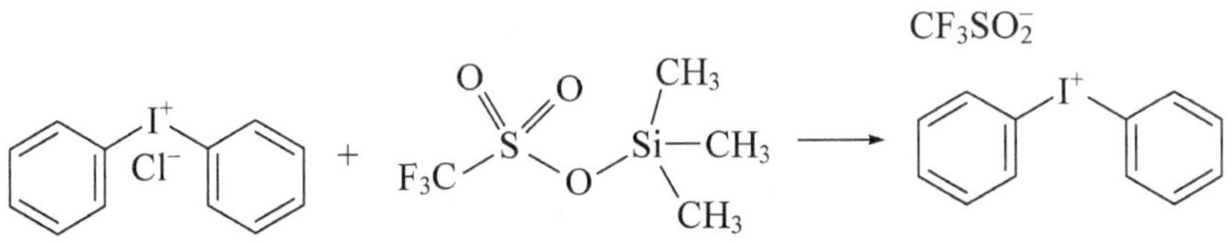

三、实验仪器与试剂

实验仪器：250 mL 三口烧瓶、500 mL 四口圆底烧瓶、20 mL 烧杯、0.22 μm 聚四氟乙烯滤膜、抽滤瓶、布氏漏斗、分析天平、真空干燥箱、磁力加热搅拌器、真空泵、温度计等。

实验试剂：α-甲基丙烯酸、甲基丙烯酸异冰片酯、甲基丙烯酸甲酯、甲基丙烯酸叔丁酯、偶氮二异丁腈(AIBN)、甲苯、三氟甲基磺酸三甲基硅酯、二氯甲烷、二苯碘氯化物、乙醚、二乙二醇二甲醚、四正丁基氢氧化铵、山梨糖醇酐单棕榈酸酯、硫酸、过氧化氢、四甲基氢氧化铵显影液、去离子水等。

四、实验步骤

1. 甲基丙烯酸酯共聚物的制备

反应单体提纯后，将 MAA、MMA、tBMA、IBOMA 按 3∶3∶3∶1 的摩尔比放入 250 mL 三口烧瓶。按照单体∶溶剂 = 1∶3.5 的摩尔比加入甲苯，在氮气气氛下搅拌升温至 65℃，再加入适量引发剂 AIBN 进行沉淀聚合反应，反应 8 h，生成白色沉淀，冷却后抽滤，用甲苯洗涤数次，抽干，放入真空干燥箱中，于 80℃ 烘干。

2. 光产酸剂二苯碘三氟甲基磺酸盐的合成

在 500 mL 四口圆底烧瓶中，将一定量的三氟甲基磺酸三甲基硅酯溶解于二氯甲烷中，再加入适量的二苯碘氯化物，使之溶解，在 22℃下搅拌，反应 18 h，反应结束后将反应液滴加进乙醚中，析出白色晶体，抽滤，真空干燥，即可得到二苯碘三氟甲基磺酸盐。

五、测试与表征

采用下述方法进行光刻试验。

(1) 在避光条件下取树脂甲基丙烯酸酯共聚物(质量分数 11.92%)，产酸剂二苯碘三氟甲基磺酸盐(质量分数 0.6%)，溶剂二乙二醇二甲醚(质量分数 87.5%)，碱性添加剂四正丁基氢氧化铵(质量分数 0.04%)，流平剂山梨糖醇酐单棕榈酸酯(质量分数 0.06%)放入洁净的 20 mL 烧杯中，磁力搅拌 24 h，待搅拌均匀后通过 0.22 μm 聚四氟乙烯滤膜过滤，得到液态光刻胶组合物。

(2) 用体积比为 2∶1 的硫酸∶过氧化氢混合液在 120℃下清洗硅片 10 min，后用去离子水清洗，再用丙酮脱脂棉球擦拭。将硅片放置在匀胶台上涂胶，转速为 3000 r/min，匀胶时间为 20 s。将涂有光刻胶的硅片在 130℃干燥箱中放置 30 min。后将硅片置于 248 nm 曝光机下，放上掩膜版，设定曝光剂量为 16 mJ/cm²，进行曝光。将曝光后的硅片放入质量分数为 2%的四甲基氢氧化铵显影液中，开始计时显影 60 s，同时仔细观察显影程度，并不时振荡显影液，使其浓度均匀。充分显影后，迅速取出并将其放入去离子水中，进行定影。将定影后的硅片置于 150℃干燥 30 min。

六、注意事项

(1) 在制备共聚物前，应将反应装置提前通氮气 20 min，以脱除装置中的空气，并使整个聚合过程严格控制在氮气气氛下。

(2) 反应需在通风橱中进行。

(3) 在搅拌升温时，一定确保温度计探头插入正确的位置。

七、思考题

(1) 甲基丙烯酸叔丁酯、甲基丙烯酸异冰片酯分别对聚合物结构与性能产生什么影响?

(2) 详述反应单体的提纯方法?

(3) 光刻试验产生不良图形的原因有哪些?

第8章　复配技术实验

8.1　固体酒精的配制及性能

一、实验目的

(1) 了解复配技术。
(2) 掌握固体酒精的配制原理和实验方法。

二、实验原理

复配技术是研究精细化学品配方、制剂成型理论和技术的综合应用技术。通过精细化学品复配的协调增效、协同减害和降低成本效应，不仅可以解决单一化合物难以满足的特殊或多种需要，还可以扩大产品应用范围，改变产品性能和形式，提高竞争力和经济效益。复配技术涉及物理、化学、分析等多个学科，是企业核心竞争力的一种体现，也是精细化工的重要发展方向。

酒精是人们熟知的一种液态燃料，燃烧时无烟无味、污染小，但不便携带。将酒精制成固体形式，易于包装和携带，使用起来更加方便，可用于餐饮、旅游和野外作业等场合。

固体酒精不是指固体状态的酒精，而是通过复配技术向酒精中加入凝固剂而制成的固体形式。固体酒精的配制方法很多，其差别主要在于固化剂不同。目前常用的固化剂有乙酸钙、硝化纤维、高级脂肪酸等。本实验采用硬脂酸为固化剂，在碱性条件下制备固体酒精。硬脂酸首先与氢氧化钠反应，得到的硬脂酸钠是一种长链的极性分子。硬脂酸钠具有受热时软化，冷却后又重新固化的特性。因此将液态的酒精与硬脂酸钠在加热的条件下搅拌，混合均匀，冷却后使酒精被束缚于相互连接的硬脂酸钠分子间，形成类似凝胶或膏状的固体产品。为了得到质地更加结实的固体酒精，还可以在配方中加入虫胶、石蜡等物料作为黏结剂。也可以加入硝酸铜等金属盐，改变燃烧时的颜色，提高观赏价值。

三、实验仪器与试剂

实验仪器：电动搅拌器、烧杯等。
实验试剂：酒精、硬脂酸、氢氧化钠、虫胶片、石蜡等。

四、实验步骤

本实验的两种制备方法分别选用不同的黏结剂，制备质地不同的两种固体酒精，并加以比较。

1. 方法 A

在 250 mL 烧杯中，加入 0.8 g(0.02 mol)氢氧化钠、1 g 虫胶片、50 mL 酒精和数小粒沸石，在水浴中加热至固体全部溶解。

在另一个 100 mL 烧杯中加入 5 g(约 0.02 mol)硬脂酸和 20 mL 酒精，在水浴中加热至硬脂酸全部溶解。然后加入上述含有氢氧化钠、虫胶片和酒精的烧杯中，用玻璃棒搅拌使之混合均匀。用水浴加热约 10 min，将反应混合物自然冷却得到产品，并记录产品达到凝固的时间和凝固时的温度。

2. 方法 B

在 250 mL 烧杯中加入 9 g(约 0.035 mol)硬脂酸、2 g 石蜡、50 mL 酒精和数小粒沸石，在水浴中加热至 60℃并保温至固体溶解为止。

另将 1.5 g(约 0.035 mol)氢氧化钠和 15.3 g 水混合于 100 mL 烧杯中，搅拌溶解后加入 25 mL 酒精，混合均匀。将碱液加入上述含有硬脂酸、石蜡和酒精的烧杯中，在水浴中加热约 15 min 使之反应完全。撤去水浴，将混合物冷却得到成品，并记录产品达到凝固的时间和凝固时的温度。

比较两种方法得到的固体酒精的硬度、外观、凝固时间和温度等。

五、测试与表征

切一小块产品，置于坩埚中点燃，观察燃烧情况。

六、注意事项

(1) 固体酒精是一种混合物，其主要成分仍然是酒精，化学性能不变。

(2) 硬脂酸用量太少会导致固体酒精无法成型；用量太多，会在燃烧时形成不易燃烧的硬膜。

(3) 固体酒精产品要求硬度适中、外观均匀透明。同时要求制备过程中凝固温度较高(>30℃)、凝固时间较短(<15 min)。

七、思考题

(1) 固体酒精制备中所用的各种原料分别起什么作用？

(2) 从配制原理上分析，硬脂酸钠的用量会影响最终产品的哪些性质？

8.2　水基金属清洗剂的配制及性能

一、实验目的

(1) 了解金属清洗剂的分类。

(2) 了解水基金属清洗剂的去污原理。

(3) 掌握水基金属清洗剂的配制方法。

二、实验原理

在机械工业生产中，无论是零件加工装配，还是在热处理、电镀以及产品封存包装和启封时，都要对金属表面进行清洗。附着在金属表面的污垢有各种酸、碱、盐、灰尘、抛光膏、切削液、手汗、各种油脂等固体污垢或液体污垢。这些污垢有水溶性的，也有油溶性的。若不清洗干净，不仅影响金属各加工工序的顺利进行，而且会引起或加速金属腐蚀，降低产品质量，缩短使用寿命。

金属表面清洗剂有水基清洗剂、溶剂清洗剂、碱性清洗剂。溶剂清洗剂分为石油溶剂清洗剂和氯化烃溶剂清洗剂。石油溶剂清洗剂的主要成分是汽油、煤油、柴油等，它们有很强的去污能力，很容易洗净金属表面的污垢。但它们易燃、易爆、易挥发，对人体中枢神经有较强的刺激性，且易使金属生锈。同时，浪费大量能源，造成环境污染，国外已很少使用石油溶剂清洗金属表面。

氯化烃溶剂清洗剂主要成分是三氯乙烯、三氯三氟乙烷、四氯化碳等。它们的清洗能力极强，很容易洗净金属表面的油性污垢，但这类溶剂毒性大，对人体有害，通常用于密闭清洗。碱性清洗剂主要成分是氢氧化钠、碳酸钠、硅酸钠、磷酸钠等。它们的清洗能力较低，通常用于清洗黑色金属表面轻度油污、无机盐等污垢。

水基清洗剂具有清洗性能好、去污力强的优点，不仅能清除金属表面的油污，也能洗净手汗、无机盐等污垢。此外，它还有不易燃、无毒、使用安全以及良好的缓蚀防锈能力，节约了能源，减少了环境污染，适用于机械化自动清洗，可广泛用于金属加工业各方面。

水基金属清洗剂的洗涤作用是基于表面活性剂润湿、渗透、乳化、分散、增溶等性质实现的。其去污机理包括以下几个方面。

(1) 表面活性剂在油污金属表面上发生湿润、渗透作用，使油污在金属表面的附着力减弱或抵消。

(2) 通过机械搅拌、振动、刷洗、超声波、加热等机械和物理方法，加速油污脱离金属表面。

(3) 油污进入洗液中被乳化分散,悬浮于其中或增溶于胶束中。

水基金属清洗剂的主要成分是表面活性剂和无机助剂。为避免金属在清洗过程中和清洗后的储存过程中发生锈蚀,需加入缓蚀防锈剂。为增加水基金属清洗剂在水中的溶解性和促进金属表面污垢在水中的分解效果,在配方中还要加入一定量的助溶剂。此外,水基金属清洗剂中还需加入填充剂、色料和香精等。

三、实验仪器与试剂

实验仪器:250 mL 圆底烧瓶、磁力加热搅拌器、烘箱、量筒、放大镜、冷阱、金属试片。

实验试剂:油酸、三乙醇胺、平平加(脂肪醇聚氧乙烯醚)、尼纳尔、苯甲酸钠、硅油、磺酸盐、亚硝酸钠、乙醇。

四、实验步骤

将三乙醇胺 14 g、油酸 11.7 g 混合于 250 mL 圆底烧瓶中,搅拌下加热至 86℃,并保持温度在(85±2)℃,反应 3 h 左右,取样检测。当配制成的 2%样品水溶液呈均匀透明状,且其 pH 在 8~9 时,即可结束反应。搅拌下,依次向圆底烧瓶中加入尼纳尔 5 g、平平加 2 g、磺酸盐(缓蚀剂 A)0.8 g、亚硝酸钠(缓蚀剂 B) 0.4 g、硅油(消泡剂)0.6 g、苯甲酸钠水溶液 1 g、乙醇 6.0 g(冬季可适当增大添加量)、水 58.1 g,搅拌均匀即得。

五、测试与表征

(1) 测定稳定性。将清洗液倒入量筒,在(60±2)℃恒温水浴中保持 6 h,自然降至室温,观察外观是否有明显变化。将清洗液在低温(-18±5)℃冷阱中保持 1 h,自然升至室温,观察外观是否有明显变化。

(2) 测定清洗率。按质量分数配制人造油污(SW-40 型机油 74%、凡士林 25%、灰尘 1%),并将其涂于准备好的置于干净滤纸上的金属片的一面,油污量控制在 0.25~0.30 g。将涂好油污的金属片浸泡于制备好的清洗液中,在 60℃水浴中放置 4 min,摆洗 4 min。然后用蒸馏水漂洗不超过 5 s,用热的无水乙醇吹干,差量法称量。按照"清洗率 = (清洗掉的油污质量/油污原质重)×100%"计算。

(3) 测定防锈能力。把配制好的试液放在恒温水浴中[(80±2)℃],将金属试片 (45#钢)在上述试液中浸泡 30 s 后取出。在 40℃烘箱中干燥 15 min 后放入预先在烘箱中恒温至(35±2)℃、相对湿度为(90±2)%的湿热器中,静置 24 h,与未经处理的金属试片对比,观察外观。

评级标准:0 级为表面无锈,无明显变化;1 级为表面无锈,轻微变色或失光;2 级为表面轻锈或不均匀变色;3 级为表面大面积锈蚀。

(4) 测定漂洗性能。把配制好的试液放在恒温水浴中[(60±2)℃], 将金属试片 (不锈钢)在上述试液中浸泡 5 min 后取出。在 40℃烘箱中干燥 30 min, 在烘箱中恒温至 60℃, 蒸馏水中摆洗 10 s。取出用热风吹干, 在放大镜下检查金属试片的外观。

评定标准: 试片表面应无可见清洗液残留物。

六、注意事项

(1) 工业品三乙醇胺的含量一般为 98%、95%、80%三个等级, 使用含量大于 95%的原料时, 生产过程稳定, 产品质量好, 因此在投料前必须准确检测。若取样分析时, 发现反应生成的三乙醇胺油酸皂的 2%水溶液不澄清透明时, 应适量补加三乙醇胺, 并继续反应至合格为止。

(2) 反应温度应严格控制, 若温度过高, 产品颜色深, 且油酸易分解。

七、思考题

(1) 水基金属清洗剂在配方设计时需考虑哪些因素?

(2) 为降低成本, 可以使用含量较低的三乙醇胺吗? 如果可以需采取什么措施提高产品质量?

(3) 本实验中采用的试剂分别起什么作用?

8.3 免洗消毒酒精凝胶的配制

一、实验目的

(1) 掌握免洗消毒酒精凝胶的配方设计原理。

(2) 练习并掌握免洗消毒酒精凝胶的配制方法。

(3) 熟悉酒精凝胶的消毒原理, 增强学生的传染病预防意识和防护能力。

二、实验原理

本实验制备的免洗消毒酒精凝胶的主要成分为乙醇, 乙醇作为挥发性溶剂具有消毒杀菌的功效。根据医学证明, 体积分数为 75%的酒精可以渗透进病毒内部, 使病毒蛋白脱水、变性、凝固, 从而杀死病毒。采用 75%的酒精浓度是因为过高的酒精浓度会使病毒外壳蛋白快速变形凝固而形成坚硬外壳, 导致酒精无法渗透到病毒内部, 进而无法彻底将病毒杀死; 如果酒精浓度低于 75%, 虽然可以顺利进入病毒内部, 但由于对蛋白质的渗透性差, 同样也无法使病毒蛋白变性。免洗消毒凝胶要求消毒剂能够迅速挥发, 在相同温度下, 乙醇的蒸气压是水的 2～3 倍,因此在多次搓手后，乙醇迅速挥发，从而避免洗手后擦干的不便。但是酒精具有很强的挥发性和流动性，如果是少量酒精倒在手上，还没有发挥消毒的作用就完全挥发，无法实现消毒的功效。因此，可以通过在酒精中加入增稠剂来达到降低其流动性和挥发性的目的。

卡波姆是一种流变调节剂，作为主要成分增稠剂添加到本实验制作的免洗凝胶中。卡波姆通常是由丙烯酸或丙烯酸酯与烯丙基醚经交联反应而制得的树脂材料。由于分子结构中含有大量的羧酸基团，卡波姆具有一定的酸性和亲水性，可在水中显著溶胀，但是单纯的乙醇对卡波姆来说却是不良溶剂，需要借助一定的有机胺才能实现这一效果。

卡波姆在溶液中可通过两种机制增稠：

(1) 通过不同卡波姆分子之间的分子链相互缠绕实现增稠效果。由于卡波姆分子结构中含有大量的羧基结构单元，通过调节 pH 可使其羧基结构阴离子化而相互排斥，使得初始卷曲的卡波姆分子卷曲链舒展开，体积增大上千倍，增加了分子之间相互缠绕的概率，从而大大提高卡波姆的增稠效果。研究结果表明，当体系的 pH 为 6～12 时，卡波姆的增稠效果最好。

(2) 羧基阴离子化的卡波姆分子还可通过羧基氧与多元醇分子中的羟基氢形成氢键，并交联成网状结构，进而实现增稠效果。

除了上述两种主要物质外，在生产卡波姆酒精凝胶时，还常用三乙醇胺调节体系的pH，并加入一定量的甘油护手和辅助增稠。当然，还可视需求加入香精、芦荟凝胶和抗氧化剂等各种物质进行复配，改善产品性能，使其更具市场竞争力。本实验所设计的酒精凝胶配方及各组分作用如表 8-1 所示。

表 8-1　免洗消毒酒精凝胶的配方

原料	含量	作用
乙醇	75%	溶剂、消毒剂
卡波姆	0.45%～0.5%	增稠剂
三乙醇胺	2～3 滴	调节 pH
甘油	1%	护手、辅助增稠
玫瑰香精	2～3 滴	增香
水	23%～24%	溶剂

三、实验仪器与试剂

实验仪器：恒温磁力搅拌器、分析天平、150 mL 三口烧瓶、回流冷凝管、恒压滴液漏斗、150 mL 烧杯、100 mL 深色挤压瓶。

实验试剂：卡波姆-940、三乙醇胺、95%乙醇、甘油、去离子水、玫瑰香精。

四、实验步骤

(1) 利用恒温磁力搅拌器、150 mL 三口烧瓶和回流冷凝管搭建回流冷凝反应器。

(2) 称取 0.4～0.5 g 卡波姆-940 置于三口烧瓶内，加入 20 mL 去离子水，加入磁子进行磁力搅拌。打开冷凝水，将反应器温度升高到 75℃，在此温度下搅拌大约 30 min 至卡波姆粉末完全溶胀，体系呈透明凝胶状，随后将反应器温度下调到 60℃。

(3) 量取 95%乙醇 79 mL，置于恒压滴液漏斗，装到三口烧瓶上，在持续回流和搅拌下，以 2～3 滴/s 的速度滴入凝胶体系中，滴加完后再加入 1 mL 甘油。

(4) 趁热将溶液转移至 150 mL 烧杯，使用三乙醇胺调节 pH，逐滴滴加，每次滴加完要充分搅拌均匀，2～3 滴即能发现体系黏稠度明显增加，且从略微乳白浑浊状转变为完全透明均匀的凝胶，用 pH 试纸测试并记录溶液 pH。

(5) 适量滴加 2～3 滴玫瑰香精增香，待搅拌均匀后将样品装入 100 mL 深色挤压瓶。

五、测试与表征

挤压部分产品到手上，观察产品的流动性，搓揉使其涂满双手，体验产品性能。

六、注意事项

(1) 卡波姆-940 的溶胀步骤非常关键，必须等溶液变成完全透明的凝胶状才能进行后续步骤。

(2) 乙醇加入速度不可过快，且必须及时搅拌均匀，否则可能导致局部卡波姆聚沉现象。

(3) 调节 pH 时三乙醇胺应逐滴地滴加，且每次滴加后应充分搅拌，然后根据情况再决定是否继续滴加三乙醇胺。三乙醇胺滴加过量会使卡波姆聚沉从而导致实验失败。

(4) 实验产品不得倒入下水道，以免堵塞下水管道。

七、思考题

(1) 是否可以预先将卡波姆-940 充分溶胀，实验时直接使用，而不再需要加热回流？

(2) 实验过程中如果不小心加入乙醇过快导致卡波姆部分聚沉，是否还能补救?

(3) 是否可以使用其他类型的卡波姆代替卡波姆-940 进行实验?

(4) 是否可以在配方中加入第二种消毒剂,如苯扎溴铵等,以增强消毒效果?

8.4　免水洗手膏的配制及性能

一、实验目的

(1) 学习洗涤剂的基本知识。

(2) 初步掌握配制免水洗手膏的基本操作技术。

二、实验原理

洗涤剂的有效成分是表面活性剂,洗涤衣服的洗涤剂中常用的表面活性剂分为阴离子型和非离子型,最典型的有肥皂中常用的硬脂酸钠、洗衣粉的主要洗涤成分十二烷基苯磺酸钠。非离子型表面活性剂主要是烷基聚氧乙烯醚。非离子型表面活性剂为主要成分的洗涤剂不受硬水影响,有很好的去除皮质污垢的能力,对合成纤维有防止再污染的作用,因此常作液体洗涤剂(如丝毛洗涤剂)的主要成分。

洗涤过程的本质十分复杂,通常可描述如下:被洗物浸入水中,由于洗涤剂的存在,减弱了污垢与物体表面的黏附作用,此时施以机械搅拌,使与表面活性剂结合的污垢与被洗涤物的表面脱离开,悬浮于水中,经冲洗后便可除去。洗涤过程是可逆的,与洗涤剂结合的污物有可能重新回到被洗涤物表面。因此,作为优良的洗涤剂,应能够同时降低污垢与物体表面的结合能力,并防止污垢再沉积到物体表面上。

应根据洗涤方式、污垢特点、被洗物特点,以及其他要求设计洗涤剂配方结构,具体归纳为以下几点:

(1) 基本原则为:①不损伤衣物或器具;②用于洗涤蔬菜水果时,无残留,不影响其外观与原有风味;③手洗时发泡性良好;④不危害人身安全;⑤长期储存稳定,不发霉变质。

(2) 配方结构特点。一定要充分考虑表面活性剂的配伍效应,以及各种助剂的协同作用。例如,阴离子表面活性剂烷基聚氧乙烯醚硫酸酯盐与非离子表面活性剂烷基聚氧乙烯醚复配后,产品的泡沫性和去污能力均好;配方中加入乙二醇单丁醚,有助于去除油污;加入月桂酸二乙醇酰胺可以增泡和稳泡,减轻对皮肤的刺激,并增加介质黏度;加入少量香精和防腐剂可调节香味,增加抗菌防腐能力。

免水洗手膏是一种在无水条件下用于手部清洁的化妆品，是主要由匀染剂、表面活性剂、润湿剂、填料等复配而成的水包油型乳化膏体，具有良好的除油垢性能。可广泛用于野外作业、煤矿、外出旅游等缺水条件下手的清洁。使用时只需将少许本品在手上涂匀，经仔细搓擦后，手上污垢即可与洗手膏一起除去。

产品配方中的表面活性剂主要起到脱油去污的作用，润湿剂则有洗涤助剂的作用，填料主要起到吸附携污、摩擦增稠等作用。

三、实验仪器与试剂

实验仪器：烧杯、机械搅拌器。

实验试剂：本实验中的主要原料及其质量分数见表 8-2。

表 8-2　主要原料及其质量分数

原料	质量分数/%	原料	质量分数/%
脂肪醇聚氧乙烯醚硫酸钠(AES)	16.0	乙二胺酒石酸二钠	0.2
脂肪醇聚氧乙烯醚(匀染剂 102)	13.0	合成沸石粉(A 型)	11.0
椰子油酰二乙醇胺(净洗剂 6501)	5.0	黏土	11.0
丙二醇	2.0	二氧化硅(白炭黑)	2.0
去离子水	39.8		

四、实验步骤

先将填料(合成沸石粉、黏土和二氧化硅)以外的物料按表 8-2 的比例混合，溶解成浓溶液，再加入这三种填料，进行机械搅拌，慢慢搅成膏状(防止带入很多空气)。可视情况增加水或原料，调至合适的软硬度，装入软管或广口容器中即为产品。

五、测试与表征

挤出本品 3～5 g 于有油污的手中，擦遍全手数次，然后用布或柔软的纸擦拭，可将油污除净。用过的布用清水即能冲洗干净。

六、注意事项

(1) 匀染剂 102 的结构式为 $R\text{---}(OCH_2CH_2)_n OH$。式中，R 为油醇、月桂醇、椰子油醇或蓖麻油醇等烷基，$n = 25\sim30$。

(2) 除本实验配方外，软皂、平平加、OP-10 等表面活性剂均可选用。

(3) 本配方中填料取粒度细微的 A 型合成沸石粉、二氧化硅和质地松软的黏土混合使用。

0

0

0

七、思考题

(1) 该类产品中表面活性剂产品的选择除了去污能力，还要考虑哪些因素？
(2) 本配方中的乙二胺酒石酸二钠有什么作用？
(3) 常用的润湿剂有哪些？

8.5 含芦荟天然成分防晒霜的制备

一、实验目的

(1) 了解防晒剂的分类。
(2) 掌握芦荟有效防晒成分的提取方法。
(3) 掌握芦荟防晒霜的复配技术。
(4) 了解防晒霜的评价与表征方法。

二、实验原理

太阳光由 γ 射线、X 射线、紫外线、可见光线和红外线等组成。紫外线是指波长为 10～400 nm 的射线，属太阳光线中波长最短的一种，其能量约占太阳光线总能量的 6%。经过研究表明，紫外线照射会引起单个细胞组分结构或功能的改变，而大量的紫外线辐射会导致细胞之间沟通能力的丧失，甚至引起细胞的凋亡。阳光中的紫外线是造成人体皮肤老化的重要原因之一。紫外线分为 UVC、UVB 和 UVA 三个区段，UVC 对人体皮肤不构成伤害。而 UVB 是导致皮肤晒伤的根源，轻者可使皮肤红肿，严重的则会产生红斑及水泡。UVA 引起皮肤红斑的可能性是 UVB 的千分之一，它一般不引起皮肤急性炎症。虽然 UVA 的能阶仅为同剂量 UVB 的千分之一，但由于其对玻璃、衣物、水及人体表皮具有很强的穿透力，其直接作用可深达真皮。虽然其对人体皮肤的伤害作用较缓慢，但其作用具有一定的累积性，并可增加 UVB 对皮肤的损害作用，甚至引发皮肤癌。因此，UVA 对人体的危害已引起人们的广泛关注。

除了加强对臭氧层的保护外，人类开始致力于防晒化妆品的研发。当今防晒化妆品是化妆品发展的一大趋势，而具有防晒和抗紫外线功能的天然植物成分，因其性能温和、高效，得到了人们的关注。

防晒剂的选用是防晒化妆品配方的核心，对防晒产品的形成与发展具有重要影响。目前，在国际上广为使用的防晒剂按机理不同，大体分为两种类型，即紫外线吸收剂与紫外线散射剂。至今，世界上已开发的防晒剂有四十余种，在其化学结构与防晒效果的关系上已很明确。除吸收剂外，紫外线散射剂的应用也受到了人们的重视，与前者相比，其具有安全性高、稳定性好的优点。普通散射剂的防晒效果不太明显，而粒径为纳米级的超细二氧化钛等无机粉体的抗紫外能力明显提高。可用于防晒的中草药成分除可以吸收紫外线，还具有祛斑美白、护肤洁面和治疗日光性皮炎的作用。与传统有机合成的紫外光吸收剂相比，天然植物防晒成分具有刺激性低、副作用小，更加安全、可靠的特点，可避免传统有机防晒化妆品对人体皮肤的刺激及过敏现象的出现。

本实验以水和乙醇混合溶剂为提取液，提取芦荟中的有效防晒成分，并将所得提取物应用于基质膏霜中，制得含芦荟成分的防晒霜，然后采用紫外-可见分光光度计对其防晒霜的 UVB 区防晒效果进行评价。

三、实验仪器与试剂

实验仪器：超声波清洗器、均质机、冷冻干燥机。

实验试剂：乙醇、丙三醇、聚氧乙烯(2)硬脂醇醚、聚氧乙烯(21)硬脂醇醚(化妆品级)、棕榈酸异辛酯、二甲硅油、霍霍巴油、十六十八醇、单硬脂酸甘油酯、硬脂酸、肌酸、尼泊金甲酯。

四、实验步骤

1. 芦荟中有效成分的提取

精确称取 1.0 g 干燥后的芦荟粉末，放入三口烧瓶中，加入 150 mL 的乙醇：水(体积比 1：1)溶液，在 90℃下加热回流 2 h，趁热抽滤，弃渣。将滤液倒入圆底烧瓶中，加入活性炭搅拌脱色后，过滤。将滤液加热蒸馏，回收溶剂，直至没有液体蒸出。将提取液放置冰箱中冷冻凝固后放入冷冻干燥机中冷冻干燥，直至完全干燥成固体粉末为止。

2. 基质膏霜的制备

按照表 8-3 的配方，将聚氧乙烯(2)硬脂醇醚、聚氧乙烯(21)硬脂醇醚、霍霍巴油、十六十八醇、单硬脂酸甘油酯、硬脂酸混合后加热至 90℃，搅拌溶解作为A 相保温备用。同时将肌酸溶于去离子水中，加热至 90℃作为 B 相保温备用。将冷冻干燥后的芦荟提取物的固体粉末加水和适量乙醇溶解，作为 C 相。在两相温度大致相同时，在均质机搅拌状态下，将 B 相缓慢加入 A 相，同时用均质机继续均质 3 min 左右。然后控制温度在 75～80℃保温搅拌消泡，当体系降温至 45℃时，加入 C 相，同时加入尼泊金甲酯，继续缓慢搅拌，室温时出料。

表 8-3　芦荟防晒霜的配方

原料	质量分数/%
芦荟提取物	0.5
聚氧乙烯(2)硬脂醇醚	2
聚氧乙烯(21)硬脂醇醚	3
霍霍巴油	4
十六十八醇	3
单硬脂酸甘油酯	3
硬脂酸	4
肌酸	0.2
乙醇	0.5
尼泊金甲酯	0.5
水	余量

五、测试与表征

1. UVB 区防晒效果评价(吸光度)

使用紫外-可见分光光度计测定样品在 UVB 区(280～320 nm)的紫外吸光度 A 值，通过测得的样品吸光度值大小，判断样品对 UVB 的防护效果(表 8-4)。

表 8-4　防晒效果评价

吸光度 A	防晒效果	使用条件
<0.5	无防晒效果	—
0.5～1.0	最小防护紫外线照射	冬日阳光、阴天
1.0～1.5	中等防护紫外线照射	中等强度阳光照射
1.5～2.0	高效防护紫外线照射	夏日强烈阳光照射
>2.0	完全防护紫外线照射	户外工作

2. 粒子相态分析

取少量制备的基础膏霜样品置于载玻片上，盖好盖玻片后压平，放在显微镜下，观察粒子分布和粒径大小及膏体外观。

3. 膏体的稳定性

将制得的防晒霜进行冷、热稳定性测试。取适量防晒霜分别在-20℃、-5℃条件下放置 24 h，在 40℃放置 72 h。观察产品外观，是否有沉淀、分离、变色、渗水或粒子发粗现象、外观细腻、光泽度情况。

4. 防晒霜的防晒效果评价

根据公式

$$A_i = (A_{280i} + A_{290i} + A_{300i} + A_{310i} + A_{320i}) / 5 \tag{8-1}$$

$$A_样 = \sum_{i=1}^{n=5} A_i / 5 \tag{8-2}$$

计算得到含 0.5%芦荟防晒霜在所测波长的平均吸光度 A 值，与表 8-4 对照，得出防晒霜适用的条件。

六、注意事项

(1) 乳化温度为 90～95℃，消泡时间定为 0.5 h，保温温度为 80～85℃。

(2) 乳化方法为用均质机一边均质水相，一边将油相缓慢地加入水相中，以得到粒度均匀的乳液。

七、思考题

(1) 简述芦荟防晒霜的作用机理。
(2) 说明芦荟防晒霜配方中各组分的作用。

8.6　B 超耦合剂的配制及质量评价

一、实验目的

(1) 掌握 B 超耦合剂的配制原理。
(2) 掌握 B 超耦合剂的质量评价方法。

二、实验原理

B 型超声波是临床上广泛应用的检测仪器，主要用于疾病的筛查。在超声检查时，医生总是要在患者的检查部位涂上一种透明或浅蓝色的黏稠物质——超声耦合剂。在超声检查时，超声探头如果直接与皮肤接触，探头与皮肤之间必然会存在空气间隙。当超声波经过这层空气界面时，会发生强烈的反射作用，导致进入人体内的声波能量减小，无法达到诊断或治疗的目的。超声耦合剂能够填充于探头和皮肤之间，排除空气的干扰，使超声波顺利通过并尽可能减少声波的损失。同时，超声耦合剂还担负润滑的作用，避免患者皮肤因摩擦而损伤。因此，要求超声耦合剂不仅与人体组织的声抗阻接近以减少反射损失，而且具有较小的衰减系数以减少声波的能量衰减损失。另外，还要求耦合剂在较长时间内不干燥并保持黏性，对皮肤无刺激、易涂布、易清除、不损伤仪器探头等。

早期的超声耦合剂主要使用包括矿物油、植物油、硅油等，存在声学特性差、对皮肤有刺激性、不易清洗等缺点。随着超声医学的发展，逐渐开发出了以卡波姆树脂为主要成分的高分子耦合剂，并加入中和剂、润湿剂、着色剂等配制成水性高分子凝胶，具有良好的触变性和稳定性。卡波姆是一种聚丙烯酸交联化合物，在很低的浓度下就能够形成高黏度凝胶，具有较高的生物安全性，在化妆品和医药领域有广泛应用。随着对临床检查中卫生和交叉感染等问题的日益重视，在耦合剂中还要添加抗菌剂、防腐剂(多糖、芦荟等)等辅料。

三、实验仪器与试剂

实验仪器：多层桨叶搅拌器、烧杯、pH 计。

实验试剂：卡波姆-940、甘油、三乙醇胺、氢氧化钠、氨水、十二烷基硫酸钠、吐温-80、尼泊金乙酯(羟苯乙酯)、水。

四、实验步骤

将卡波姆-940 撒于约 500 mL 的水面，静置 24 h 以上，使其充分溶胀，得 A 液。取碱(三乙醇胺、氢氧化钠、氨水)、甘油、十二烷基硫酸钠、吐温-80、尼泊金乙酯，加水约 400 mL，加热使其溶解，放冷，加适量色素，得 B 液。将 B 液小心缓慢地加入 A 液中，加水至质量比 100%，用多层桨叶搅拌器，低速(20～30 r/min)搅拌约 30 min，拌匀，分装于 500 mL 或 250 mL 烧杯中备用。

五、测试与表征

(1) 外观性状检查。标准：细腻均匀，色泽鲜明，透明度高，不含气泡，稠度适宜，涂布性好，无刺激性。

(2) pH 测定。取产品 10 mL，加水 50 mL 稀释后，测 pH。要求：pH 应为中性或近中性。

(3) 稳定性试验。取成品 5 g，装入已消毒带盖透明的塑料瓶中，填满，置于室温避光保存，一周后观测样品的外观和 pH 变化。

六、注意事项

(1) 配制中要防止气泡的生成。因此卡波姆-940 在溶胀时，尽量不要搅拌，以免产生气泡。配制得 B 液后，要静置待其气泡消失后再用于中和，搅拌器的桨叶要置于液面下，缓慢搅拌(20～30 r/min)，若速度加快气泡增多即成废品。

(2) 实验中需考察卡波姆-940 的用量、不同碱对产品质量的影响。

七、思考题

(1) B 超耦合剂配方设计时需考虑哪些因素？

(2) 为什么选用三乙醇胺作为中和试剂？

(3) 十二烷基硫酸钠的作用是什么？

第9章　创新设计性实验

9.1　磺化聚醚砜的制备与表征

一、实验介绍

聚芳醚砜是由卤代砜和二酚单体制备的一类综合性能优异的高分子材料。分子中的二砜结构使聚合物主链具有一定的刚性，因而聚合物的热分解温度较高，且具有良好的化学稳定性和机械强度。分子中的醚键结构又使聚合物链的柔韧性较好，容易被加工，经常被应用在超滤和气体分离等领域。磺化聚芳醚砜(图 9-1)，由于高分子链上接入磺酸基团，聚合物具有亲水性、离子传导性等功能，在阳离子传导膜、离子交换和保水材料等领域具有重要的应用。

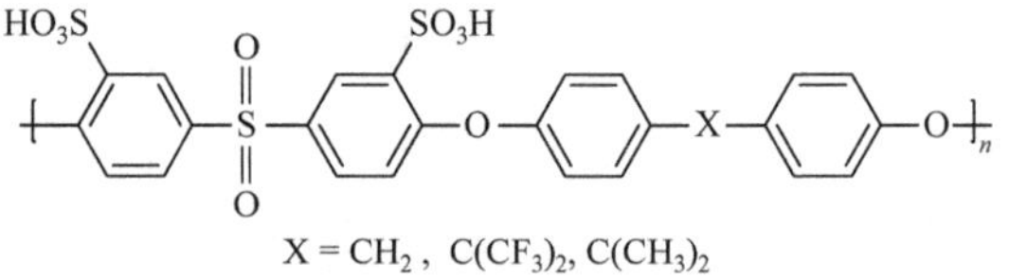

X = CH$_2$，C(CF$_3$)$_2$，C(CH$_3$)$_2$

图 9-1　磺化聚芳醚砜的结构式

磺化聚芳醚砜主要通过两种方法得到，一种是在聚芳醚砜的基础上通过磺化试剂，如浓硫酸、发烟硫酸、三氧化硫、氯磺酸等对聚合物进行磺化处理。这种方法较简单易行，但是将磺酸基团引入到高分子链上的位置不能控制，并且磺化程度随着不同批次、条件的轻微不同而产生较大差异；另一种方法是直接聚合法，将制备的高纯度磺化单体与非磺化单体和二酚单体直接反应制备磺化聚芳醚砜。这种方法可以精确控制聚合物的磺化度和磺酸基团在高分子链中的位置。

磺化聚芳醚砜材料的磺化程度越高，其离子传导率、离子交换容量和保水性能都会明显提高。然而，提高磺化度会导致材料本身的力学性能和化学稳定性能急剧降低，而且合成的难度也随之增加。因此，在磺化聚芳醚砜的合成过程中，既需要保持相对高的磺化程度，还要注意材料本身的基本物理化学性能。

近年来，通过改变磺化单体的结构来改善磺化聚芳醚砜性能有大量的文献报道。然而，磺化单体的合成难度大，聚合物分子量也会受到一定的影响。改变非磺化单体结构，可以有效改变磺酸基团的聚集程度，保持大分子量。

二、实验设计要求

(1) 以 3,3′-二磺酸钠-4,4′-二氟二苯砜为原料，采用联苯二酚和对苯二酚为主要非磺化单体，然后采用亲核取代反应，制备具有不同磺化程度的聚芳醚砜。

(2) 查阅相关的参考文献，拟定合理的制备路线。

(3) 合理的合成路线应包括以下内容：①合适的原料配比；②满足实验要求的合成装置；③反应温度、时间等主要反应参数；④确定催化剂的加入量；⑤合适的分离、提纯手段和操作步骤；⑥产物的鉴定方法(红外光谱、核磁共振、离子交换容量)；⑦产物的离子传导率测定。

(4) 列出实验所需要的所有仪器(含设备和玻璃仪器)和药品。对某些特殊药品的使用和保管方法应在实验前特别注意，试剂的配制方法应预先查阅相关手册。

(5) 完成该实验的实验报告，报告经实验教师审阅通过后方可进入实验室完成实验操作。

9.2　铜卟啉合成及其敏化二氧化钛光催化剂的制备、表征及光降解性能

一、实验介绍

TiO_2 是一种优良的半导体光催化材料，在水溶液中，在紫外光照射下，能产生氧化性极强的羟基自由基，是目前最具有发展前景的一类绿色光催化材料。近年来，已经有一些有关 TiO_2 材料制备和光催化性能的综合性实验报道。常用的锐钛矿型 TiO_2 的禁带宽度为 3.2 eV，只能吸收 $\lambda < 387.5$ nm 的紫外光。因此，TiO_2 对太阳光利用率很低。要使 TiO_2 能在太阳光下起到有效的催化作用，必须拓展其对太阳光的光谱响应范围，将催化剂的吸收光谱红移到可见光区。金属卟啉敏化是一种有效扩展 TiO_2 可见光吸收范围和提高其光催化效率的手段，具有良好的应用前景。

由于铜卟啉强的可见光吸收及与 TiO_2 的能级相匹配，铜卟啉敏化的 TiO_2 光催化剂可以将光的吸收延伸到可见光范围，提高太阳光的利用率，延长光生电子和空穴的寿命，从而提高其光催化剂的活性。因此可以设计制备铜卟啉敏化二氧化钛光催化剂($CuTPP/TiO_2$)，研究其在光照下，对水中有机污染物的光催化降解性能。

二、实验设计要求

(1) 以四苯基卟啉、乙酸铜和纳米二氧化钛为原料，设计合成一种用于光降解

的催化剂，并测定其对对硝基苯酚的光催化降解能力。

(2) 查阅相关的参考文献，拟定合理的制备路线。

(3) 合理的合成路线应包括以下内容：①合适的原料配比；②满足实验要求的合成装置；③反应温度、时间等主要反应参数；④确定催化剂的加入量；⑤合适的分离、提纯手段和操作步骤；⑥产物的鉴定方法(熔点，红外光谱、核磁共振)。

(4) 查阅文献，设计光催化降解性能测试方法。

(5) 列出实验所需要的所有仪器(含设备和玻璃仪器)和药品。对某些特殊药品的使用和保管方法应在实验前特别注意，试剂的配制方法应预先查阅相关手册。

(6) 完成该实验的设计报告，报告经实验教师审阅通过后方可进入实验室完成实验操作。

9.3　香豆素-3-羧酸的绿色制备与结构表征

一、实验介绍

香豆素又名邻羟基肉桂酸内酯，分子中具有 1,2-苯并吡喃酮结构。香豆素及其衍生物具有一定的香气，在有机合成及自然界占有重要地位，同时在化妆品、饮料、食品、香烟橡胶等行业中具有重要应用价值。由于某些香豆素衍生物具有抗菌、抗凝血、抗癌、降糖等生物活性，也可用于药物及其中间体的制备。

香豆素广泛存在于高等植物，尤其是芸香科和伞形科植物中。因此可根据存在种类和极性，采用溶剂提取、蒸馏、微波萃取等方法进行提取分离。也可根据结构特点，采用化学合成方法制备。

香豆素类化合物经典的合成方法是采用水杨醛、乙酸酐和乙酸钠为原料，通过珀金(Perkin)反应制备。除此之外，也有文献报道采用氟化钠或碳酸钾为催化剂合成香豆素，还有文献报道通过香豆素-3-羧酸脱羧来制备香豆素。

近十年来，珀金法合成香豆素的研究主要集中在催化剂的研究和工艺条件的优化等方面。该反应中使用的催化剂主要有乙酸钠(钾)、乙酸钙-PEG、碳酸钾、KF、KF/Al$_2$O$_3$ 等。其中乙酸钠(钾)、乙酸钙、碳酸钾等催化剂虽然价格便宜，但是活性低、反应温度高、时间长、工艺条件要求高、副产物多、产率低。

在传统的有机合成中，有机溶剂是常用的反应介质。但绝大多数有机溶剂有毒、易挥发、容易对环境造成污染。绿色有机合成要求合成过程采用无毒的试剂、溶剂或催化剂，反应过程中排放的污染尽可能降至最低，最好是"零排放"。

二、实验设计要求

(1) 对香豆素-3-羧酸进行逆合成分析，要求分解到水杨醛和丙二酸二乙酯，并比较克脑文盖尔反应和珀金反应的异同点。

(2) 以起始原料水杨醛和丙二酸二乙酯为原料,查阅相关参考文献,设计香豆素-3-羧酸简洁、绿色的合成路线,并阐明该路线符合哪些绿色化学原理或标准。

(3) 参照文献制定详细的实验方案,包括但不限于以下几点:①合适的原料配比;②满足实验要求的合成装置(尽量体现先进的合成技术);③温度、时间等主要反应参数;④确定反应溶剂、催化剂的种类及加入量;⑤合适的分离、提纯手段和操作步骤;⑥产物的鉴定方法(熔点,红外光谱、核磁共振)。

(4) 列出实验所需要的所有仪器(含设备和玻璃仪器)和试剂(包括水杨醛和丙二酸二乙酯)。对某些特殊试剂的使用和保管方法应在报告中注明,试剂的配制方法应查阅相关文献。

(5) 完成并提交设计(预习)报告,与实验教师讨论后确定最终的实验方案并在实验室完成。

9.4　多孔锌 MOF 的制备与表征

一、实验介绍

金属有机框架(MOFs)是配位化学形象化、具体化的一种延伸。MOFs 晶体材料采用有机配体将多个金属中心连接在一起,通过调整有机配体的长度,达到对材料孔隙尺寸的控制;而选择特定配位环境的金属中心及桥联配体还可控制孔隙的结构。金属有机框架凭借其优良的孔洞效应在小分子存储和交换、选择性分离、催化、药物输送和传感等领域均展现出广阔的应用前景。

制备 MOFs 的金属离子和有机配体丰富多样,可以根据材料的性能,如官能团、孔道尺寸和形状等选择。最常用的有机连接配体为含有 N、O 等能提供孤对电子的原子的配体,如多磷酸、多羧酸、多磺酸、吡啶、嘧啶等。有机连接配体通过离子键与中心金属离子结合。而中心金属离子几乎涵盖了所有过渡金属元素形成的离子,甚至包括四价金属离子。

MOFs 的合成过程类似于有机物的聚合,以单一的步骤进行。其合成方法一般有扩散法和水热(溶剂热)法。在扩散法中,将金属盐、有机配体和溶剂按一定的比例混合成溶液放入一个小玻璃瓶中,将此小瓶置于一个加入去质子化溶剂的大瓶中,封住大瓶的瓶口,静置一段时间后即有晶体生成。这种方法条件温和,易获得高质量的单晶用于结构分析,但耗时长,而且要求反应物在室温下溶解。水热(溶剂热)法合成 MOFs 则是将有机配体与金属离子在溶剂中在适当的温度和自生压力下发生配位反应。通常是将前驱体与有机胺、去离子水、乙醇和甲醇等溶剂混合后放入密闭容器中,加热到一定温度,在自生压力下反应。这种方法合成时间短,而且解决了前驱体不溶解的问题。合成中所用的溶剂有不同的官能团、极性、介电常数、沸点和黏度,从而可以增加合成路线产物结构的多样性。由于该方法具有设备简单、晶体生长完美等优点,是近年来研究的热点。其缺点是难以了解反应过程。

离子液体是一类具有高极性的有机溶剂,在室温下或接近室温时通常以液体形式存在,而且仅含有离子。它们的溶解性强、反应过程中蒸气压低、热稳定性高,在水热(溶剂热)适用的领域离子液体几乎都能适用。因而其在 MOFs 合成中受到重视。另外,微波和超声波合成方法在 MOFs 合成中也具有一些独特的优势,如使产物快速结晶、具有物相选择性、生成产物粒径分布窄及容易控制物相形态等。

二、实验设计要求

(1) 以间羟基吡啶和季戊四溴为原料,制备配体 L,然后采用水热法与乙酸锌制备金属有机框架材料。

(2) 查阅相关的参考文献,拟定合理的制备路线。

(3) 合理的合成路线应包括以下内容:①合适的原料配比;②满足实验要求的合成装置;③反应温度、时间等主要反应参数;④确定催化剂的加入量;⑤合适的分离、提纯手段和操作步骤;⑥产物的鉴定方法(熔点,红外光谱、核磁共振、X 射线单晶衍射和粉末衍射);⑦产物的热重分析。

(4) 列出实验所需要的所有仪器(含设备和玻璃仪器)和药品。对某些特殊药品的使用和保管方法应在实验前特别注意,试剂的配制方法应预先查阅相关手册。

(5) 完成该实验的设计报告,报告经实验教师审阅通过后方可进入实验室完成实验操作。

9.5　超临界 CO_2 提取芝麻饼粕中的芝麻素

一、实验介绍

芝麻素(sesamin)又称脂麻素、芝麻脂素,是木脂类化合物的一种,为白色针状晶体,分子式 $C_{20}H_{18}O_6$,分子量 354.36,熔点 122~123℃,易溶于丙酮、氯仿、甲醇、乙醇,微溶于乙醚、石油醚等有机溶剂,其分子结构式如下:

芝麻素在芝麻种子中的含量为 0.2%～0.5%，在芝麻油中的含量为 0.4%～0.8%。国内外的研究表明，芝麻素具有抗氧化、调节血脂、稳定血压、保肝等生理活性，是药品和保健品开发的良好原料。国外对芝麻素及相关保健品的开发较早，并且比较成熟。最具代表性的是日本三得利株式会社开发的芝麻素维生素 E 胶囊，风靡欧美保健品市场。台湾食益补有限公司与日本三得利株式会社合作，将芝麻素与中草药进行配伍，开发出了系列保健产品。

我国是芝麻生产大国，芝麻产量占世界总产量的 30%以上。但我国对芝麻素的开发和利用尚不完善。80%以上的芝麻用于榨取芝麻油，产生的芝麻饼粕每年在 50 万吨以上。芝麻饼粕含有蛋白质、碳水化合物及少量的芝麻素，营养价值高，也极易腐败，若不及时处理会对环境造成污染。目前芝麻饼粕的主要用途是加工为饲料，利用价值偏低。

芝麻饼粕中含有多种木脂素类化合物，含量为 0.5%～1%，其中 50%以上是芝麻素。因此，开发芝麻饼粕中芝麻素的绿色提取分离工艺，对芝麻饼粕的深度加工和综合利用具有重要意义。

二、实验设计要求

(1) 查阅相关参考文献，了解芝麻饼粕中芝麻素的提取和纯化方法。

(2) 设计超临界二氧化碳提取芝麻饼粕中芝麻素的实验方案。

(3) 合理的实验方案应包括以下内容：①芝麻饼粕的预处理方法；②高效液相色谱条件下，芝麻素浓度标准曲线的建立；③对萃取压力、温度、时间等主要参数的考察；④粗提取物的纯化方法；⑤产物的纯度鉴定方法；⑥产物的鉴定方法(熔点，红外光谱、核磁共振、X 射线单晶衍射和粉末衍射)。

(4) 列出实验所需要的所有仪器(含设备和玻璃仪器)和药品。对某些特殊药品的使用和保管方法应在实验前特别注意，试剂的配制方法应预先查阅相关手册。

(5) 完成该实验的设计报告，报告经实验教师审阅通过后方可进入实验室完成实验操作。

9.6　阿司匹林的绿色合成及其水凝胶的制备

一、实验介绍

阿司匹林，又名乙酰水杨酸，是在临床上使用近百年的经典解热镇痛药。阿司匹林是花生四烯酸环氧合酶不可逆抑制剂，能够阻断血小板中血栓素 A2 的合成，从而达到抗血小板凝集的作用。对缺血性心脏病、心肌梗死、脑血栓等都有很好的预防和治疗作用。阿司匹林、青霉素和安定被称为医药史上三大经典药物。

阿司匹林主要是以水杨酸和乙酸酐为原料，在酸或碱的催化下通过酰化反应制备。目前已报道的酸性催化剂有浓硫酸、维生素 C、硫酸氢钠、草酸、对甲苯磺酸、固体超强酸等；碱性催化剂有氢氧化钾、碳酸钠、氟化钾、乙酸钠、吡啶等。这些催化剂与微波加热、超声等技术联用，对提高产率、降低成本都起到了积极作用。工业上则采用苯酚与二氧化碳在氢氧化钠作用下，在高温、高压下反应得到水杨酸二钠(科尔贝-施密特反应)，经稀硫酸中和后，再与乙酸酐进行乙酰化。

凝胶剂是指药物与能形成凝胶的辅料制成的一种稠厚液体或半固体制剂。凝胶剂通常为局部用药，避免全身副作用的发生，在美容护肤领域应用较广。对凝胶剂的要求主要有以下两点：

(1) 凝胶剂要均匀、细腻，常温下保持胶状，不干涸或液化。

(2) 混悬型凝胶剂中胶粒须分散均匀，不应下沉结块。

二、实验设计要求

(1) 查阅文献，设计由水杨酸制备阿司匹林的绿色合成路线，要求原料廉价易得、反应条件不苛刻且易于控制、"三废"少且易于处理、产率高。

(2) 设计一款以阿司匹林为主药的凝胶剂，要求用于脸部皮肤抗菌消炎。需要对配方进行分析，说明每种成分的作用。

(3) 设计凝胶剂的制备方法、质量控制方法(包括定性鉴别和定量测定方法)。

(4) 列出实验所需要的所有仪器(含设备和玻璃仪器)和药品。对某些特殊药品的使用和保管方法应在实验前特别注意，试剂的配制方法应预先查阅相关手册。

(5) 完成该实验的设计报告，报告经实验教师审阅通过后方可进入实验室完成实验操作。

9.7　聚苯乙烯光子晶体薄膜的制备及其光学性能

一、实验介绍

　　1987 年，美国内尔实验室的 Yablonovitc 和普林斯顿大学的 John 分别在研究自辐射和光子局域化时，根据半导体晶体和电子带隙概念，各自独立提出了光子晶体的概念。光子晶体是由两种或两种以上具有不同折光系数的材料在空间上按照一定的周期顺序排列，而形成的有序结构材料。由于不同材料的介电常数存在较大差异，在电介质界面出现布拉格(Bragg)散射，从而产生光子带隙(photonic bandgap，PBG)，能量在光子带隙中的光不能传播而其他波段的光将被反射。在自然界中，这种独特的光学性质随处可见，如孔雀羽毛、蝴蝶翅膀表面呈现出明亮而绚烂的颜色(图 9-2)。光子晶体作为一种新材料，将光子作为信息传递的主要载体，给分析、检测等领域带来一场变革。

(a) 孔雀羽毛　　　　　　　　　　　　(b) 蝴蝶

500 nm

(c) 孔雀羽毛的微观结构　　　　　　(d) 蝴蝶翅膀的微观结构

图 9-2　孔雀羽毛和蝴蝶翅膀及其放大的微观结构

　　光子晶体根据重复循环结构维数，可分为一维、二维和三维光子晶体，结构如图 9-3 所示。

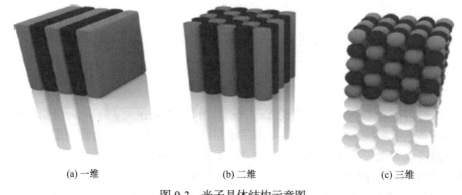

(a) 一维　　　　　　　　　(b) 二维　　　　　　　　　(c) 三维

图 9-3　光子晶体结构示意图

　　一维光子晶体，即布拉格反射器或布拉格堆，其周期性结构仅处于一个维度上，由介电常数不同的材料交替堆叠而成，通常具有光滑如镜的表面。常见的一维光子晶体可由逐层堆积法、多重旋涂法及光刻方法得到。该类制备方法通常依赖于物理制模。二维光子晶体在两个维度上均拥有高规整度的周期性变化，且需要在第三个维度上保持介电常数均匀性。常见的制备方法包括自上而下法、尖端导流法等。这些方法通常基于液体表面变形所产生的毛细作用力，使胶体微球自组装于气液界面，或某一平面固体基质支撑的薄层液面中，再根据具体使用需要转移至其他化学组成均匀的固体基质上。而在一些制备过程中，仅需要调节制备参数，如改变喷涂速度，即可控制所得二维光子晶体的光学参数。类似地，三维光子晶体需要在三个维度上保持高规整度的周期性结构。除了传统的自上而下法，一些新兴的化学方法也逐渐展现出更经济、简便的制备优势。其中利用二氧化硅、聚苯乙烯等材料制得的胶体微球自组装的制备方法更是得到广泛的应用。当三维光子晶体具有与天然蛋白石相同的立方密堆积结构时，称为人工蛋白石。如果以人工蛋白石为模板，在粒子间隙填充具有较高折射率的材料后，再除去模板，得到的就是反蛋白石结构的光子晶体。

　　影响光子晶体光学性质的因素主要包括：①晶格常数。例如，三维结构中的晶格间距和一维布拉格堆的厚度，是最为广泛应用的光学性质调节参数。在一维系统中，介电层需要由有膨胀/收缩性的材料组成。而在三维系统中，光子晶体可被包埋在可膨胀或收缩的高分子基质中，如凝胶或弹性聚合物，其光学性质可通过凝胶溶胀调节。②晶面间距及衍射面球密度的变化。如将晶体包埋于弹性材料中，通过机械拉伸产生各向异性的晶格参数的变化，从而产生对称的晶格变化。③改变有效折光系数。一般来说，折光系数的改变伴随着相变过程或新基质的生成，如吸收、渗透、高温相变、光诱导发色团或电诱导液晶分子重整等。④当入射角方向固定时，光学性质可通过利用电场、磁场等外界刺激，在允许且可控的转向范围内，调节各向异性结构组成进行有效调节。⑤光子晶体构建时的可调谐响应性缺陷。例如，在液晶或其他布拉格堆响应性聚合物构建的三明治结构光子晶体中，通过施加不同刺激，产生厚度或折射系数的变化，进而改变原始禁带的位置。⑥通过外部刺激，如光照或磁场等控制光子晶体的有序度。光子晶体结构可调节因素如图 9-4 所示。

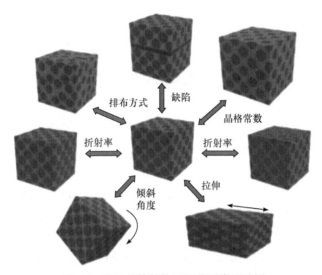

图 9-4　光子晶体结构可调节因素原理图

　　光子晶体的制备方法主要有物理方法和化学方法两种。前者主要有微机械加工、全息照相光刻蚀等，存在操作复杂、成本高等问题；后者主要是胶体自组装法，具有简单、快速、廉价的优点。胶体自组装法一般分为两步，先制备单分散微球(如二氧化硅微球、聚苯乙烯微球等)，然后让微球进行自组装。目前已发展的自组装方法主要有重力场沉降法、离心沉降法、垂直沉降法、对流自组装法、电泳沉积法、液/液界面自组装法、旋涂自组装法、喷涂自组装法等。

　　聚苯乙烯材料本身具有良好的力学性能，而且与无机氧化物存在较大的物理化学性质上的差异。另外，聚苯乙烯微球制备方法简单、粒径可控、单分散性好。因此聚苯乙烯被广泛应用于光子晶体的制备。

　　请制备出聚苯乙烯光子晶体薄膜，并研究其光学性质。

二、实验设计要求

　　(1) 查阅文献，设计聚苯乙烯光子晶体薄膜的制备方案，要求反应条件不苛刻且易于控制、"三废"少并易于处理，得到的光子晶体薄膜具有良好的展示度。

　　(2) 对产品进行完整的测试和表征。

(3) 研究聚苯乙烯微球粒径的控制方法(考察苯乙烯用量、共聚单体用量、引发剂用量等因素对微球粒径的影响)。

(4) 研究聚苯乙烯微球粒径对光学性质的影响，并从机理上进行合理的解释。

(5) 列出实验所需要的所有仪器(含设备和玻璃仪器)和药品。对某些特殊药品的使用和保管方法应在实验前特别注意，试剂的配制方法应预先查阅相关手册。

(6) 完成该实验的设计报告，报告经实验教师审阅通过后方可进入实验室完成实验操作。

9.8 雷贝拉唑关键原料的绿色合成

一、实验简介

消化性溃疡是一种由胃酸分泌过多引起胃黏膜损伤而导致的消化系统疾病。在胃壁细胞分泌胃酸的过程中，质子泵(H^+/K^+-ATP 酶)将 H^+ 从胞质泵向胃腔，与 K^+交换后，形成胃酸。因此抑制质子泵(H^+/K^+-ATP 酶)的活性可以阻断胃酸的分泌，有效治疗胃溃疡。雷贝拉唑(1)的化学名是 2-{[4-(3-甲氧基丙氧基)-3-甲基吡啶-2-基]甲亚磺酰基}-1H-苯并咪唑，是日本卫材药业开发的一种质子泵抑制剂，在治疗胃食管反流、胃十二指肠溃疡方面具有显著的疗效。雷贝拉唑是由关键中间体 2-氯甲基-3-甲基-4-(3-甲氧基丙氧基)-吡啶(2)和 2-巯基苯并咪唑(3)缩合后再经氧化而成。

目前关键中间体(2)的合成主要是以 2,3-二甲基吡啶为原料，经氧化、硝化、氯代、醚化、重排、水解、氯代等多步反应制备，存在合成路线长、所用硝酸等试剂腐蚀性强、环境不友好等缺点。

查阅文献，设计以 2,3-二甲基吡啶为原料的新的绿色合成路线，并在实验室验证。

二、实验设计要求

(1) 查阅相关的参考文献，以 2,3-二甲基吡啶为原料，设计合理的路线制备关键中间体(**2**)。

(2) 合理的合成路线应包括以下内容：①安全环保的试剂及配比；②满足实验要求的合成装置；③反应温度、时间等主要反应参数；④确定催化剂的加入量；⑤合适的分离、提纯手段和操作步骤；⑥产物的鉴定方法(熔点，红外光谱、核磁共振、X 射线单晶衍射和粉末衍射)；⑦产物的成本核算(控制在 1000 元/kg 以下)。

(3) 列出实验所需要的所有仪器(含设备和玻璃仪器)和药品。对某些特殊药品的使用和保管方法应在实验前特别注意，试剂的配制方法应预先查阅相关手册。

(4) 完成该实验的设计报告，报告经实验教师审阅通过后方可进入实验室完成实验操作。

9.9 应力响应 3D 光子晶体水凝胶的制备与表征

一、实验介绍

光子晶体是由两种(或以上)不同介电常数的材料构成的有序结构材料，其具有的光子带隙结构可以有效调控光的传播方向。凝胶是含大量溶剂的三维网状结构的高分子聚合物。将光子晶体与刺激响应性智能水凝胶相结合得到的就是响应性光子晶体水凝胶。这类材料中智能水凝胶对外界电场、磁场、温度、压力(或拉力)、湿度、酸碱性(pH)、生物基因等变化产生体积膨胀、收缩或相变，进而引起光子晶体光子带隙的变化，使布拉格衍射峰发生位移，从而产生宏观上可观察的颜色变化。响应性光子晶体水凝胶可广泛应用于显示、传感、防伪等众多领域，因而成为目前光功能材料研究的热点。

　　应力响应光子晶体水凝胶的设计目的是通过感知施加于水凝胶的拉伸、压缩等应力变化，从而在可见光范围内产生结构色的变化(图9-5)。这类智能材料能够检测复杂力场的应力变化，可作为应力传感器应用于电子皮肤等柔性可穿戴感知产品中。

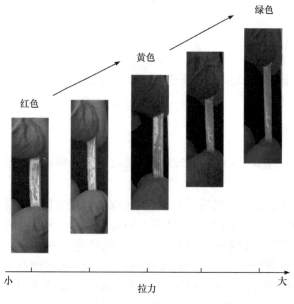

图9-5　一种应力响应光子晶体水凝胶

　　查阅文献，以甲基丙烯酸甲酯(MMA)、聚乙烯醇(PVA)和丙烯酰胺(AM)为主要原料，制备一种应力响应型 3D 光子晶体水凝胶薄膜，并对其进行表征和性能测试。

二、实验设计要求

　　(1) 实验分为三个步骤，首先设计聚甲基丙烯酸甲酯(PMMA)微球的制备方案；其次设计 3D PMMA 光子晶体薄膜的制备方案；最后是 3D PMMA 光子晶体水凝胶的制备。要求反应条件温和且易于控制、"三废"少、可重复性好、易于操作。

(2) 对产品进行完整的测试和表征。

(3) 研究 PMMA 微球粒径的控制方法(考察 MMA 用量、共聚单体用量、引发剂用量等因素对微球粒径的影响)。

(4) 研究应力大小与 3D PMMA 光子晶体凝胶之间的关系，从机理上进行合理解释。

(5) 列出实验所需要的所有仪器(含设备和玻璃仪器)和药品。对某些特殊药品的使用和保管方法应在实验前特别注意，试剂的配制方法应预先查阅相关手册。

(6) 完成该实验的设计报告，报告经实验教师审阅通过后方可进入实验室完成实验操作。

9.10　pH 响应碳量子点的制备及其发光性能

一、实验介绍

碳量子点(carbon quantum dots, CQDs)，也称碳点，是指一类以碳为基本骨架、表面存在大量含氧官能团的单分散类球形纳米颗粒。它们的粒径一般在 10 nm 以下，结构类似石墨或金刚石。碳点不仅合成简单，而且具有优良的发光性和生物相容性，在活体生物成像、药物传输、荧光探针、生物传感器等方面具有广泛的应用前景(图 9-6)。碳点的起源可以追溯到 2004 年。当时 Scrivens 课题组在制备单壁碳纳米管过程中，首次从电弧放电的烟灰中发现了带有荧光的单分散球状纳米功能材料。在此基础上，克莱姆森大学的 Sun 课题组第一次用激光消融法制备

(a)　　　　　　　　　　　(b)

图 9-6　一种碳点溶液实物图

(a) 自然光下为棕黄色；(b) 365 nm 紫外光下为蓝色

了荧光碳纳米材料，并首次提出碳点概念。碳点迅速成为纳米材料一个崭新的研究领域。

目前碳点的制备方法被科学家形象地分为自下而上和自上而下两大类。前者是以小分子为前驱体，形貌可控，结构修饰方便，但步骤繁杂，主要有水热合成法、溶剂热法、微波辅助合成法等；后者则是把大尺寸二维碳材料通过化学或物理方法进行切割，尺寸可控，但难以进行结构修饰，荧光调控困难，主要有电化学合成法、激光消融法、电弧放电法等。水热合成法是在水热合成釜中，高温加热有机前驱体使之形成碳点，具有原料来源广泛、产物毒性低、量子产率高等优点；微波辅助加热可一步完成碳点的合成与表面纯化，具有合成效率高、合成周期短的优点，但加热时间对碳点的粒径和荧光性能影响显著，需要通过实验进行优化。电化学合成法主要是通过将大尺寸的碳材料作为工作电极来制备碳点，具有碳点粒径小而均一的优点；激光消融法主要是通过激光对碳材料进行消融或烧蚀后，再对其表面进行处理得到碳点；电弧放电法则是通过电弧放电产生的高温处理碳源，再经处理或纯化得到碳点。超声波在交替产生高压波和低压波的过程中会产生空化作用，从而形成短暂的高能环境，促使化学反应发生或大颗粒物质破碎，因此在碳点的两种制备方法中均有应用。例如，葡萄糖在氢氧化钠溶液中经超声处理并纯化后可得到粒径小于 5 nm 的碳点。石墨在硫酸和硝酸混合液中经超声处理可得到粒径 3～4 nm 的碳点。

很多碳点的荧光强度会随着 pH 的变化而变化，这可能与碳点表面的质子化和去质子化效应有关。因此，本实验以柠檬酸为碳源，甲酰胺和水为混合溶剂合成一种氮掺杂荧光碳点，并研究其对 pH 的响应性和发光机理。

二、设计要求

(1) 查阅文献，设计以柠檬酸为碳源的氮掺杂碳点制备方案，要求反应条件不苛刻且易于控制、"三废"少且易于处理。

(2) 对产品进行完整的测试和表征。

(3) 研究碳点的光学性质。

(4) 研究 pH 对碳点光学性质的影响，并从机理上进行合理解释。

(5) 列出实验所需要的所有仪器(含设备和玻璃仪器)和药品。对某些特殊药品的使用和保管方法应在实验前特别注意，试剂的配制方法应预先查阅相关手册。

(6) 完成该实验的设计报告，报告经实验教师审阅通过后方可进入实验室完成实验操作。

参 考 文 献

Andrew P D. 2012. Green Organic Chemistry in Lecture and Labaratory[M]. Boca Raton: CRC Press (Taylor & Francis Group).

Baumann M, Moody T S, Smyth M, et al. 2020. A perspective on continuous flow chemistry in the pharmaceutical industry[J]. Org Process Res Dev, 24(10): 1802-1813.

Bogliotti N, Moumné R. 2017. Multi-step Organic Synthesis: A Guide Through Experiments[M]. Weinheim: Wiley VCH.

Brahmachari G. 2015. Room Temperature Organic Synthesis[M]. Amsterdam: Elsevier.

Brahmachari G. 2018. Catalyst-free Organic Synthesis[M]. London: Royal Society of Chemistry.

Chandrasekaran S. 2016. Click Reactions in Organic Synthesis[M]. Weinheim: Wiley VCH.

Dallinger D, Gutmann B, Kappe C O. 2020. The concept of chemical generators: On-site on-demand production of hazardous reagents in continuous flow[J]. Acc Chem Res, 53(7):1330-1341.

Doble M, Kruthiventi A K. 2007. Green Chemistry and Processes[M]. San Diego: Elsevier.

Kingston C, Palkowitz M D, Takahira Y, et al. 2020. A survival guide for the "electro-curious" [J]. Acc Chem Res, 53(1): 72-83.

Lindsröm M U. 2007. Orgainc Reactions in Water-Principles, Strategies and Applications[M]. Ames: Blackwell Publishing.

Little R D. 2020. A perspective on organic electrochemistry[J]. J Org Chem, 85(21): 13375-13390.

Liu M L, Chen B B, Li C M, et al. 2019. Carbon dots: Synthesis, formation mechanism, fluorescence origin and sensing applications[J]. Green Chem, 21(3): 449-471.

Mikami K. 2005. Green Reation Media in Organic Synthesis[M]. Ames: Blackwell Publishing.

Mohammad A. 2012. Green Solvents Ⅱ: Properties and Applications of Ionic Liquids[M]. New York: Springer.

Nicholas E L, Cynthia B M. 2013. Laboratory Experiments Using Microwave Heating[M]. Boca Raton: CRC Press (Taylor & Francis Group).

Orru R V A, Ruijter E. 2010. Synthesis of Heterocycles via Multicomponent Reactions Ⅰ [M]. Berlin Heidelberg: Springer.

Osorio-Planes L, Rodríguez-Escrich C, Pericàs M A. 2014. Photoswitchable thioureas for the external manipulation of catalytic activity[J]. Org Lett, 16(6): 1704-1707.

Passaro V M N. 2013. Advances in Photonic Crystals[M]. London: IntechOpen.

Ranu B, Stolle A. 2015. Ball Milling Towards Green Synthesis: Applications, Projects, Challenges[M]. Cambridge: Royal Society of Chemistry.

Reschetilowski W. 2013. Microreactors in Preparative Chemistry: Practical Aspects in Bioprocessing, Nanotecholgy, Catalysis and More[M]. Weinheim: Wiley-VCH.

Sally A H. 2015. Green Chemistry: Laboratory Manual for General Chemistry[M]. Boca Raton: CRC

Press (Taylor & Francis Group).

Sato Y, Aoyama T, Takido T, et al. 2012. Direct alkylation of aromatics using alcohols in the presence of NaHSO$_4$/SiO$_2$[J]. Tetrahedron, 68(35): 7077-7081.

Seager S L, Slabaugh M R. 2011. Safety-scale Laboratory Experiments for Chemistry for Today: General, Organic, and Biochemistry[M]. 7th ed. California: Brooks/Cole.

Sharma S K. 2011. Green Chemistry for Environmental Sustainability[M]. Boca Raton: CRC Press.

Sheldon R A, Arends I, Hanefeld U. 2007. Green Chemistry and Catalysis[M]. Weinheim: Wiley-VCH.

Simescu-Lazar F, Meille V, Pallier S, et al. 2013. Regeneration of deactivated catalysts coated on foam and monolith: Example of Pd/C for nitrobenzene hydrogenation[J]. Applied Catalysis A: General, 453: 28-33.

Stephenson C R J, Yoon T P, MacMillan D W C. 2018. Visible Light Photocatalysis in Organic Chemistry[M]. Weinheim: Wiley-VCH.

Wei Z, Cue B W. 2012. Green Techniques for Organic Synthesis and Medicinal Chemistry[M]. Chichester: John Wiley & Sons .

Wilfred L F A, Christina L L C. 2008. Purification of Laboratory Chemistry[M]. 8th ed. Cambridge: Elsevier.

Wu X. 2018. Solvents as Reagents in Organic-synthesis Reactions and Applications[M]. Weinheim: Wiley-VCH.

Yan M, Kawamata Y, Baran P S. 2018. Synthetic organic electrochemistry: Calling all engineers[J]. Angew Chem Int Ed, 57(16): 4149-4155.

Yao B W, Huang H, Liu Y, et al. 2019. Carbon dots: A small conundrum[J]. Trends in Chemistry, 1(2): 235-246.

Zhang L L, Li Y T, Gao T, et al. 2019. Efficient synthesis of diverse 5-thio- or 5-selenotriazoles: One-pot multicomponent reaction from elemental sulfur or selenium[J]. Synthesis, 51(22): 4170-4182.

附　　录

附录 1　快速柱层析柱直径、硅胶用量、分离样品量和每份收集液体积快查表 [1,2]

层析柱直径/mm	硅胶 [3] 用量/g	分离样品量/g	每份收集液体积/mL
10.4	1	0.03	1
14	2.5	0.06	2.5
19	5	0.1	5
24	10	0.2	10
41	50	1	50
60	100	3	100
120	300	8	300
170	500	15	500

1. 摘自 Taber D F. 1982. TLC mesh column chromatagraphy[J]. J Org Chem, 47: 1351-1352.
2. 混合物 $\Delta R_f = 0.05$(TLC)。
3. 硅胶直径为 10~15 μm(800 目)。

附录 2　ESI-MS 图谱中常见的加合离子

加合离子	加合离子质量	电荷数
M + 3H	$M/3 + 1.007276$	3+
M + 2H + Na	$M/3 + 8.334590$	3+
M + H + 2Na	$M/3 + 15.7661904$	3+
M + 3Na	$M/3 + 22.989218$	3+
M + 2H	$M/2 + 1.007276$	2+
M + H + NH$_4$	$M/2 + 9.520550$	2+
M + H + Na	$M/2 + 11.998247$	2+
M + H + K	$M/2 + 19.985217$	2+
M + 2Na	$M/2 + 22.989218$	2+
M + H	$M + 1.007276$	1+
M + NH$_4$	$M + 18.033823$	1+

续表

加合离子	加合离子质量	电荷数
M + Na	$M + 22.989218$	1+
M + K	$M + 38.963158$	1+
M + MeOH + H	$M + 33.033489$	1+

注:1. 摘自 Huang N, Siegel M M, Kruppa G H, et al. 1999. Automation of a Fourier transform ion cyclotron resonance mass spectrometer for acquisition, analysis, and E-mailing of high-resolution exact-mass electrospray ionization mass spectral data[J]. J Am Soc Mass Spectrom, 10: 1166-1173.

2. M 指样品的分子量。

附录 3　常用干燥剂的性质及使用范围

性质	干燥剂	使用范围	备注
中性干燥剂	无水硫酸钙		再生温度 230~250℃
	无水硫酸镁	用于烃、卤代烃、醚、酯、硝基甲烷、酰胺、腈等物质的干燥	
	无水硫酸钠		
	无水氯化钙	用于烃、卤代烃、醚、硝基化合物、环己胺、腈、二硫化碳等的干燥,不能用于伯醇、甘油、酚、能形成加合物的某些胺、酯类物质的干燥	
	活性氧化铝	用于烃、胺、酯、甲酰胺的干燥	再生温度 180℃
	分子筛	广泛用于各类物质的干燥	再生温度 200~400℃
	硅胶	广泛用于各类物质的干燥	再生温度 150℃
碱性干燥剂	氢氧化钾	用于干燥胺等碱性物质和四氢呋喃一类环醚,不适用于酸、酚、醛、酮、醇、酯、酰胺	
	氢氧化钠		
	碳酸钾	用于碱性物质、卤代烃、醇、酮、酯、腈、溶纤剂等的干燥	
	氧化钡	用于干燥醇、碱性物质、腈、酰胺,不适用于酮、酸性物质和酯类物质	
	氧化钙		再生温度 300℃
酸性干燥剂	硫酸	用于干燥饱和烃、卤代烃、硝酸、溴等,不适用于醇、酚、酮、不饱和烃等物质	
	五氧化二磷	用于烃、卤代烃、酯、乙酸、腈、二硫化碳、液态二氧化硫的干燥,不适用于醚、酮、醇、胺等物质	

附录4　实验预习报告模板

《　　　　　　　　》实验预习报告

院系：＿＿＿＿＿　专业：＿＿＿＿＿　年级：＿＿＿＿＿　姓名：＿＿＿＿＿
同组成员姓名：＿＿＿＿＿＿＿＿＿＿＿＿＿＿＿＿＿＿＿＿＿＿＿＿＿＿
成绩：＿＿＿＿＿＿＿＿＿＿

一、实验目的

(概括总结教学大纲、教材提供的目的，或者是自己预期的目的。**不要照抄讲义**)

二、实验原理和方法

(根据自己对实验原理和方法的理解，说明实验方法或反应机理，并指明这些原理或方法与实验操作之间的关系。**不要照抄讲义**)

三、实验试剂

1. 主要试剂的性质、注意事项及应急处理方法(附参考文献，使用三线式表格)

表1　主要试剂及其性质

名称	固/液态	性质	注意事项	应急处理方法	参考文献编号

2. 实验安全风险分析(评估本实验的主要安全风险来自哪里，如何预防，并附参考文献)

表2　安全风险分析

风险来源/名称	预防措施	注意事项	参考文献编号

四、实验操作流程及装置

(此处以实验流程图的形式列出主要操作步骤，**不能照抄讲义内容**，并用所给的仪器矢量图绘制各步实验装置图)

五、参考文献

(列出预习中引用的参考文献，参考文献格式如下)

期刊

[序号] 主要责任者. 文献题名[J]. 刊名，出版年份，卷号(期号)：起止页码.
[1] 袁庆龙，章军，侯文义. 热处理温度对 Ni-P 合金刷镀层组织形貌及显微硬度的影响[J]. 太原理工大学学报，2001，32(1)：54-56.

图书

[序号] 主要责任者. 文献题名[M]. 出版地：出版者，出版年: 起止页码.
[2] 刘国钧，郑如斯. 中国书的故事[M]. 北京：中国青年出版社，1955: 80-115.

附录5　实验记录模板

《　　　　　　　　　　》实验记录

院系：_____　专业：_____　年级：_____　姓名：_____
同组成员姓名：_____
成绩：_____

一、实验试剂

(列出主要试剂原料的名称、规格、用量、生产厂家等信息)

表1　主要试剂

试剂名称	规格	用量	物质的量/mol	生产厂家

二、实验仪器

(列出主要仪器的名称、型号等信息)

表2　主要仪器

仪器名称	型号

三、实验操作记录

（按照实验的实际操作程序客观地记录操作过程，不能照抄实验讲义的内容，同时对应记录每一种操作或反应过程中出现的客观现象，如颜色的变化，气泡的产生，固体的溶解，沉淀的出现，回流的程度等）

表 3　实验操作记录

时间	实验操作	实验现象和结果	解释/备注

四、实验结果

（给出薄层检测照片，计算 R_f 值。计算产率并给出详细的过程）

五、实验后处理

（详细记录实验结束后设备、药品、产品、废弃物等处理方法）

附录 6　实验总结报告模板

标题（自拟一个合适的标题）

实验报告人

中文摘要

（一般控制在 100 字以内，简略描述实验目的、方法、结论等，禁用"本文""笔者"等主语）

中文关键词（3～5 个能反映报告主要内容的中文词语、词组或术语）

英文摘要

（应与中文摘要对应）

英文关键词（3～5 个能反映报告主要内容的英文词语、词组或术语，与中文对应）

前言/引言

（简要介绍实验的背景以及相关研究进展）

三、实验操作记录

(按照实验的实际操作程序客观地记录操作过程,不能照抄实验讲义的内容,同时对应记录每一种操作或反应过程中出现的客观现象,如颜色的变化、气泡的产生、固体的溶解、沉淀的出现、回流的程度等)

表3　实验操作记录

时间	实验操作	实验现象和结果	解释/备注

四、实验结果

(给出薄层检测照片,计算R_f值。计算产率并给出详细的过程)

五、实验后处理

(详细记录实验结束后设备、药品、产品、废弃物等处理方法)

附录6　实验总结报告模板

标题(自拟一个合适的标题)

实验报告人

中文摘要

(一般控制在100字以内,简略描述实验目的、方法、结论等,禁用"本文""笔者"等主语)

中文关键词(3~5个能反映报告主要内容的中文词语、词组或术语)

英文摘要

(应与中文摘要对应)

英文关键词(3~5个能反映报告主要内容的英文词语、词组或术语,与中文对应)

前言/引言

(简要介绍实验的背景以及相关研究进展)

实验结果与讨论

(包括对产品熔点、核磁等的测定结果及分析，对实验及"三废"对环境的影响及评价，实验的改进建议、措施等。**注意：不要在这里讨论心得体会**)

致谢

参考文献

(列出全部引用的参考文献，参考文献格式如下)

期刊

[序号] 主要责任者. 文献题名[J]. 刊名，出版年份，卷号(期号)：起止页码.
[1] 袁庆龙，章军，侯文义. 热处理温度对 Ni-P 合金刷镀层组织形貌及显微硬度的影响[J]. 太原理工大学学报，2001，32(1)：54-56.

图书

[序号] 主要责任者. 文献题名[M]. 出版地：出版者，出版年：起止页码.
[2] 刘国钧，郑如斯. 中国书的故事[M]. 北京：中国青年出版社，1955: 80-115.

指导教师评语：

成绩： _____